光纤传感技术
在地下管廊监测中的应用研究

刘亮　郭连军 ◎ 著

华中科技大学出版社
http://press.hust.edu.cn
中国·武汉

图书在版编目(CIP)数据

光纤传感技术在地下管廊监测中的应用研究/刘亮,郭连军著.—武汉:华中科技大学
出版社,2024.11

ISBN 978-7-5680-9664-5

Ⅰ.①光…　Ⅱ.①刘…　②郭…　Ⅲ.①光纤传感器-应用-地下管道-环境监测-研究
Ⅳ.①TU990.3

中国国家版本馆 CIP 数据核字(2023)第 108760 号

光纤传感技术在地下管廊监测中的应用研究
Guangxian Chuangan Jishu zai Dixia Guanlang
Jiance zhong de Yingyong Yanjiu

刘　亮　郭连军　著

策划编辑:江　畅
责任编辑:徐桂芹
封面设计:㿟　子
责任校对:李　琴
责任监印:朱　玢
出版发行:华中科技大学出版社(中国·武汉)　　电话:(027)81321913
　　　　　武汉市东湖新技术开发区华工科技园　　邮编:430223
录　排:武汉蓝色匠心图文设计有限公司
印　刷:武汉市洪林印务有限公司
开　本:710 mm×1000 mm　1/16
印　张:11.75
字　数:210 千字
版　次:2024 年 11 月第 1 版第 1 次印刷
定　价:49.00 元

前　言

　　20 世纪 90 年代,我国的电力、通信等管线逐步由地上向地下转化,与传统的地下管线共存。随着 21 世纪城镇化快速发展,新旧管线相互交叉、错综复杂,给城市地下空间开发带来巨大挑战。城市综合管廊应运而生,它是我国智慧城市建设开始的标志。

　　地下管廊综合了电力、通信、给排水、热力、燃气等管线。受工程施工质量、管廊内管线设施安全及其邻近工程活动等因素影响,地下管廊在建设及后期运营过程中存在各种安全问题,包括管廊自身结构变形破坏、管廊内管线设施变形破坏,以及电气火灾、天然气管道泄漏、供热与给排水水灾等安全问题。传统的人工监测费时费力,且不能起到预防作用。管廊内潮湿、闷热、易腐蚀的环境使得传统电子式传感器难以长期、稳定运行,不能满足智慧监测和预报预警要求。

　　利用光纤传感技术可在整个光纤长度上对沿光纤分布的环境参数进行连续测量,获得被测量参数的空间分布状态和随时间变化信息,光纤被称为可以感知大地的"神经"。本书结合城市地质数据信息,介绍了一种点线面融合的全光纤监测方法。通过一根光缆,开展管廊结构安全和管线运行状态监测研究,介绍了城市地下管廊多参量综合监测系统,可大大提高城市综合管廊运行管理的快速反应和安全防控能力。

　　本书中的光纤传感技术主要采用密集分布式技术和光纤光栅技术。利用密集分布式技术长距离、密集测点的优势,在同一光纤上密集加工数千个光纤光栅感测点,实现地下综合管廊的变形、温度、渗漏的分布式、全覆盖准分布式密集监测。光纤光栅技术通常为点式监测,利用其多参量、高解调速度的优势,可实现综合管廊湿度、沉降、有害气体、振动、应力等多参量的数据采集和监测。

本书分别从理论介绍、试验测试、模型试验以及现场示范等方面,结合地下综合管廊的工程特点,开发、优化多种类型的传感光缆及传感器,创新传感光缆的布设工艺与解析算法,结合相关测试结果,建立基于光纤技术的综合管廊预警体系,并针对性开发监测系统,实现对地下综合管廊的全方位、多参量监测与预警。本书的出版将为相关领域研究提供参考。

目　录

Contents ◂

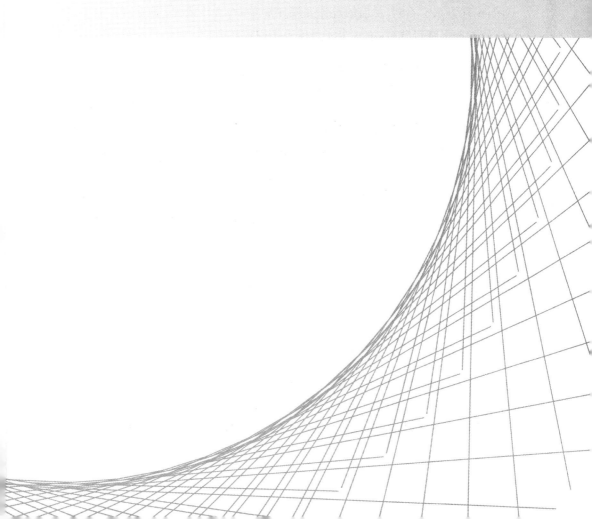

第一章 绪 论

1.1 地下结构监测

1.1.1 地下结构监测的意义

（1）地下结构非常重要，地铁人流密集，综合管廊是城市主要的管线通道，地下结构监测可以保障地下结构的安全运营。

（2）地下空间的规划目前处于起步阶段，很多城市的地下结构建设存在孤立性，对在建地下结构进行监测可以为后续的地下结构建设提供安全保障，避免已建地下结构的拆除。

（3）不同的地下结构，由于其地层条件、埋深、结构形式和施工方法不同，设计方法也不同，目前的设计理论比较单一，且不成熟，需要结合地下结构监测数据进行分析，进一步完善地下结构设计理论。

1.1.2 地下结构监测的特点与难点

地下结构安全是一个系统工程，不仅与结构本身有关，还与围岩和地层有直接关系。围岩和地层是动态变化的，存在软土的蠕变、地下水的水压和腐蚀、地质构造运动等一系列问题。地下结构监测存在以下几个方面的特点与难点。

（1）地下结构复杂，包括整体式结构（无缝）和节段式结构，较深的地下结构则存在与围护结构叠合和非叠合的侧面结构，对地下结构的安全性有直接影响。

（2）交通隧道和综合管廊等不同类型的地下结构，其施工方法、埋深、断面结构差异性均较大，结构长期稳定性问题各异。

（3）地下结构目前主要有两种施工方式：现浇和预制拼装。两种结构的长期稳定性不一样，重点关注和监测的位置有一定区别。

（4）地下结构存在交叉的问题，地下空间的深层开发是未来的趋势，对于目前建设的浅埋结构应预留建设条件和结构安全监测条件。地下结构监测是应对地下结构面临的问题的有效手段。随着经济发展和技术进步，工程的结构监测越来越受到重视，地下结构建设过程中逐步增设了结构监测的相关内容。

1.1.3　地下结构监测的内容

地下结构监测的主要对象是周边介质、结构和周围环境,监测内容主要是结构内力、荷载、变形等,如表1.1.1所示。

表 1.1.1　地下结构监测内容

监测内容		监测项目
实时监测	结构变形	纵向沉降
	结构荷载	接缝张开度
	结构内力	结构温度分布
		钢筋受力
		混凝土受力
		连接件受力
		接缝法向接触力
定期监测	水位	水位变化
	覆土变化	地形测量
	结构背后地层检测	净空收敛
		空洞检测
	混凝土性能检测	混凝土碳化程度

不同的地下结构情况不同,需要区别对待。

地下结构按照行业不同,可分为以下几类。

①公路隧道:有岩石隧道和软土隧道两种形式。对于岩石隧道,当出现不良地质情况(如断层、软岩大变形等)时,需要重点关注结构安全;软土隧道由于地基承载力不均匀和地下水丰富的特点,往往需要对结构安全进行监测,避免发生地下水渗漏。

②铁路隧道:有岩石隧道和软土隧道两种形式。铁路隧道和公路隧道一样,但铁路隧道道床对变形的要求更高,需实时监测。

③市政隧道:包括电力隧道、排水隧道、综合管廊等浅埋隧道和深埋的轨道交通隧道。市政隧道是生命线工程,其结构安全关系居民出行安全、生活供给和城市运行,非常重要。

④人防工程：人防工程一般埋深较深，对于浅埋的人防工程也要重点关注结构安全。

地下结构按照建设方法可分为明挖地下结构和暗挖地下结构，按照施工方法可分为现浇地下结构和预制拼装地下结构。

①明挖地下结构与地面建筑类似，其地基处理、防水和结构浇筑施工等工艺可控性高，薄弱环节为结构接缝处。但对于水下沉管隧道而言，水下施工工艺复杂，结构施工质量控制难度较大。明挖法中预制拼装结构的采用目前逐步增加，需要重点关注节点的耐久性问题。

②暗挖法分为钻爆法（岩石）、浅埋暗挖法（软土）、盾构法和顶管法等。暗挖法施工风险大，结构施工工序复杂，质量控制是结构施工的关键，也是结构耐久性的关键。

1.2 常用监测技术及其不足

地下结构变形的监测工作是防治地下结构变形危害的重要基础性工作。地下结构变形监测在防治地质灾害工作中有着重要的地位，一些发达国家在治理地下结构变形时把监测工作作为研究治理的基础。在已开展的地下结构变形防治与研究工作中，沉降监测发挥了重要的作用，为地下结构变形的机理研究以及防治工作提供了大量的基础数据，取得了重要成果。进行有针对性的长期连续监测是地下结构变形及裂缝防治最直接有效的措施之一。现有的监测技术按照监测范围划分主要有以下两类。

（1）小范围监测技术。小范围监测技术主要有传统的分层标、基岩标以及水准测量等方法。通过埋设分层标、基岩标，能够以基岩面作为水准点监测各土层的压缩（膨胀）量，从而测算各土层的变形量以及地下结构变形量。水准测量作为最常规的监测方法，在较小范围的沉降监测中能够达到较高的监测精度。

（2）大范围监测技术。在较大范围的地下结构变形监测中，经常采用的监测技术有全球定位系统（GPS）、干涉合成孔径雷达（InSAR）以及水准测量等。其中，GPS技术与InSAR技术是高新监测技术，前者是利用人造卫星进行三边测量定位，根据定位获取的地形高程数据进行沉降监测；后者则是对同一地区采用干涉法记录相位和图像的回波信号,经处理获取地表三维几何和物理特征,以同一地区的两张 SAR 图像为基本处理数据,通过求取两张 SAR 图像的相位差,获取干涉图像,然后经相位解缠,从干涉条纹中获取地形高程数据以达到沉降监测目的。

地下结构变形常用监测技术的精度及特点如表 1.2.1 所示。

表 1.2.1 地下结构变形常用监测技术的精度及特点

分类	监测技术	监测精度	特点
大范围监测技术	全球定位系统(GPS)	1~10 mm	自动化、集成化程度高,点式监测,成本较高,布设密度较低
	干涉合成孔径雷达(InSAR)	1~20 mm	自动化、集成化程度高,分布式连续面监测,成本较高,监测精度受地面农作物等因素影响
小范围监测技术	水准测量	1~5 mm	技术成熟可靠,自动化、集成化程度低,无法满足数字信息化监测的要求,高程点有失效风险
	基岩标	0.1 mm	监测数据可靠程度高,点式监测,成本较高
	分层标	0.1 mm	可监测不同地层的沉降压缩量,点式监测,成本较高

分层标、基岩标为点式沉降监测手段,对某一代表点位进行不同土层的沉降监测,具有较高的精度,并且可以实现各土层的压缩(膨胀)观测,对分析沉降原因、掌握沉降机理有着重要的意义。水准测量作为常规的沉降监测方法,在小范围地面相对沉降监测中精度较高,实现也较为简单,技术也比较成熟。全球定位系统(GPS)与干涉合成孔径雷达(InSAR)监测技术都是近些年开始使用的高新监测技术,采用卫星、雷达等遥感途径进行测量,可以实现较大范围的地下结构变形监测,主要用于区域性的沉降观测研究。

1.3 分布式光纤监测技术

分层标、基岩标、水准测量、GPS以及InSAR等沉降监测手段虽然能够满足地下结构变形的监测要求，但是这些技术存在着各自的不足之处：有些技术自动化、集成化程度低，无法满足如今数字信息化监测的要求；有些技术实施难度较大且属于传统的点式监测，数据量有限，布设密度较低；有些技术成本高，监测精度受地面农作物等因素影响。对地表裂缝的监测手段更存在局限性，通常只能在已有裂缝处布设位移计等传感器对已发育到一定程度的地表裂缝进行监测，这样就无法更好地为地表裂缝的发育规律和机理研究以及防治工作提供实测数据。因此，寻找一种能够对地下结构变形（结构裂缝与地表裂缝）进行监测，同时满足监测效率高、性能可靠、监测精度高、自动化程度高、成本可控等条件的全新的传感监测技术，将为地下结构变形（结构裂缝与地表裂缝）的防治研究工作提供更为扎实的监测技术基础，为真正解决地下结构变形这一地质灾害问题做出巨大贡献。

光纤传感技术是伴随着光导纤维及光纤通信技术的发展而迅速发展起来的一种以光为载体，以光纤为介质，感知和传输外界信号的新型传感技术。在光通信研究过程中，人们发现，当光纤受到外界环境因素的影响时，光纤中光波的某些物理特征（例如光强、波长、频率、相位或偏振态等）会发生相应的变化，利用光探测器对光波进行解调并按需要进行数据处理，即可得到所需的外界环境参量（如应力、温度、位移等）。

基于自发布里渊散射（spontaneous Brillouin scattering）的分布式光纤传感技术是最具前途的技术之一，它运用光纤几何上的一维特性进行测量，把被测参量作为光纤长度位置的函数，可以给出大范围空间内某一参量沿光纤经过位置的连续分布情况。分布式传感器的研究虽然起步较晚，但经过十余年的研究，分布式传感器已在地质灾害与岩土工程监测领域中获得较广泛的应用，其技术也愈发成熟。

分布式光纤传感技术具有灵敏度高、动态范围大、抗电磁干扰、电绝缘性好、耐腐蚀、化学性能稳定、安全性能好、几何形状可塑、适应性强、传输损耗小、可实现长距离监测、测量范围广等特点，可测量温度、压强、应力、应变、流速、流量、电流、电压、液位、气体成分、多相流流动剖面等物理量。

　　基于自发布里渊散射光时域反射(BOTDR)技术的光纤传感器在地质工程、岩土工程中已有较为广泛的应用:日本 NTT 公司开发了基于 BOTDR 的公路灾害监测系统,对公路边坡滑坡和雪崩等灾害及桥梁和隧道的健康状态进行监测预警(Fujihashi 等,2003);小桥秀俊等(2004)研发了公路边坡光纤传感监测系统,并对光纤传感器的布设方法和监测结果进行介绍;刘雄(1999)对光纤在岩土力学和工程中的应用方式及预期成果进行了探讨;施斌等(2004)结合具体滑坡监测方案,讨论了 BOTDR 应变监测技术在滑坡预警中的可行性;张丹等(2004)将 BOTDR 技术应用于隧道结构应变监测中,测得了温度伸缩缝和衬砌应变的变化情况;中国地质调查局水文地质工程地质技术方法研究所将 BOTDR 技术应用于边坡表面变形监测,监测数据有效反映了沿监测剖面方向边坡的变形分布情况等。也有涉及土体变形分布式光纤监测的研究:刘杰等(2006)探讨了基于 BOTDR 的分布式光纤传感器应用于基坑深部土体水平位移在线监测的施工工艺,室内模拟试验和现场试验监测结果表明,由实测光纤应变可以准确地得到测斜管上任意一点的水平位移,验证了该技术在实际工程中应用的可行性;丁勇等(2005)设计了一种新型光纤传感网络,利用 BOTDR 技术监测光纤(光缆)的应变变化,推算边坡的表面变形,并通过室内试验验证了该方法对表面变形非常敏感,为现场试验提供了大量基础数据;蒋小珍等(2006)利用 BOTDR 光纤传感技术对岩溶塌陷模拟试验中的塌陷位置和程度进行了探测,研究了岩溶发展规律;隋海波等(2008)利用表面定点布设传感光缆,对某公路的膨胀土边坡进行了监测,准确探测到滑坡体的位置、规模及发展规律;魏广庆、李科(2008)研发了针对土体变形监测的应变传感光缆,研究设计了几种土体变形传感器,并进行了黏性土干缩变形直埋式光纤监测试验和湿陷性黄土地基分布式光纤监测试验;Klar 等(2010)为了防止通过在国家边境偷挖隧道进行非法移民,进行了基于 BOTDR 的隧道开挖自动探测技术研究,并取得了较好的效果;张勇(2011)在城市暗挖隧道土体变形监测中运用了分布式监测技术,并围绕这一中心开展了一系列理论分析、室内试验和工程实践工作。

　　将基于 BOTDR 的分布式光纤传感技术应用于地下结构变形(结构裂缝与地表裂缝)监测中,具备其他传感技术方法无法比拟的优势。本书在前人对 BOTDR 技术应用研究的基础上,结合地下结构变形(结构裂缝与地表裂缝)的特点,开展了分布式光纤传感监测方法研究,以充分发挥 BOTDR 的技术优势,更好地满足地下结构变形(结构裂缝与地表裂缝)的监测要求。

1.4 地下管廊监测现状

1.4.1 国外研究现状及趋势

1.综合管廊发展现状

法国:1832 年,霍乱席卷了包括巴黎、伦敦、都柏林等城市所在的西方世界,当时学者提出公共建筑卫生系统的修建对于流行性疾病的控制至关重要。1833 年,法国巴黎修建了一条主要以给排水为目的的廊道,并以此为基础创造性地收纳了通信等管线,自此世界上第一条地下管廊诞生(Ramos 等,2016)。

英国:1861 年,英国伦敦着手研究城市地下综合管廊,地下综合管廊采用半圆形断面。伦敦市区的地下综合管廊的数量大于 22 条,伦敦建设地下综合管廊完全由政府出资,之后政府将管线租给各管线权属单位使用(Ramos 等,2016)。

德国:为改善当时工人生存状况不良、住房及公共设施短缺的现状,19世纪 80 年代,德国政府颁布了系列法律,建立社会保障制度,并大力兴建房屋、地下管道等城市公共设施,1893 年,德国在汉堡地区修建了地下综合管廊(钟雷等,2006)。

日本:1923 年,日本关东大地震造成重大灾害,在灾后重建过程中,日本土木学会提出建设干线共同沟,以减少路面反复开挖,避免电线杆损坏带来的次生灾害,减轻今后再改造的困难,缓解城市交通拥堵(张竹村,2018)。

此后,世界上其他国家也相继发展综合管廊建设,世界综合管廊建设进展如图 1.4.1 所示。

随着世界各国管道的建设和使用,相应的渗漏、积水、管道变形等问题相继出现,然而由于管道埋设于地下,维修困难且难以更换,各个国家开始关注管道的监测问题,一些监测手段相应诞生。

图 1.4.1　世界综合管廊建设进展(李阳,2017)

2. 国外综合管廊监测技术发展现状及趋势

随着时间的推移,通过对地下管廊的探索和改进,监测技术出现了电法、磁法、电磁法。后来发展到利用探地雷达法、人工地震法、红外法等对地下管廊内的环境进行监测,这些办法费时费力且不及时(侯伟青,2020)。20世纪 60 年代,欧美国家开辟了空气质量监测的研究领域,提出了一系列室内环境质量的监测办法。然而这些监测办法存在一些局限,比如布局困难、可扩展性差。1970 年之后地下管廊环境监测系统开始借助计算机。到 1992年,大多数发达国家的地下管廊环境数据信息管理系统就比较完善了,实现了计算机对地下管廊环境的监测与管理(Chen 等,2012)。Ishii 等在 1997年论述了管廊内部使用光纤进行温度探测的可行性。2018 年 Kang 等创新性地建立了一种基于 IoT 和 BIM 技术的管廊运维监测系统,初步在管廊内环境数据的智能传感和信息互通互联等方面改进了现有的监测设备。由于地下管廊在城市建设、管理、卫生与安全等方面的作用,美国电力公司开发设计了管廊电缆监测系统,即 Power Cable Junction Monitoring System(刘珊珊,2018)。然而以上监测均属于单项监测,尚未形成一套综合监测系统。

3. 国外光纤监测研究现状及发展趋势

目前光纤技术在国际上已被广泛应用于隧道、桥梁、基坑、桩基、边坡、大坝、管道渗漏等实际工程(Ansari,2003)。Naruse 等利用 BOTDR 分布式光纤传感技术对防洪堤坝进行了应变监测,根据不同位置测试所得的应变来诊断防洪堤的健康情况。Shiba 采用 BOTDR 技术检测隧道支护结构的应力和变形,并将感测光纤的监测结果与传统传感器的监测结果进行对比,结果表明分布式监测技术具有一定的优越性。Liu 等利用 BOTDA 技术探测火灾,在 11 km 长的传感光纤上,以 2 m 的空间分辨率进行实时温度监测。在环境气体监控方面,借鉴光谱吸收原理,在一氧化碳、甲烷的监测方面应用光纤传感技术,突破了传感器被动感知的局限。光纤监测已经应用于不同的工程项目,在综合管廊中的应用尚属于单一项目监测,多参量综合监测与预警尚未得到有效开发利用,相应的监测精度和时效也有待提高。

1.4.2 国内研究现状及趋势

1.国内综合管廊建设发展历程

国内综合管廊规划建设相对于国外起步较晚,但是经过多年建设,我国地下综合管廊数量与规模已远超发达国家,成为管廊发展大国。我国城市综合管廊建设,从 1958 年北京天安门广场下的第一条管廊开始,经历了五个发展阶段(油新华,2018)。

(1)探索阶段(1978 年以前):我国开始思考城市管廊建设,探索一条适合国内发展的建设方案,但是由于设计水平有限,只能在模仿中前进。

(2)争议阶段(1978—2000 年):改革开放以后,城市基础建设开始兴起,地上地下管线错综复杂,专家呼吁学习国外先进经验,但是由于国内各种不同的声音存在,综合管廊建设仅在一些发达地区进行。

(3)快速发展阶段(2000—2010 年):21 世纪中国加入世贸组织,给经济大规模发展带来了机遇,城市开始大规模建设,在前两个阶段的积累下,为解决日积月累的"城市病",综合管廊开始被设计者应用在城市改造和建设中。

(4)赶超和创新阶段(2010—2017 年):到了 21 世纪的第二个十年,国内开始大规模城市建设,一片片城市周边区域被开发成新的城市区,现代化城市规划得以实施,综合管廊被纳入城市建设,国内设计者积极吸取国外先进设计经验,并结合国内城市特色进行创新。

(5)有序推进阶段(2017 年至今):随着国家提出智慧城市建设,我国综合管廊的建设进入了有序推进阶段,要求各个城市根据当地的实际情况编制更加合理的管廊规划,制订切实可行的建设计划,有序推进综合管廊建设。

中国综合管廊建设进展如图 1.4.2 所示。

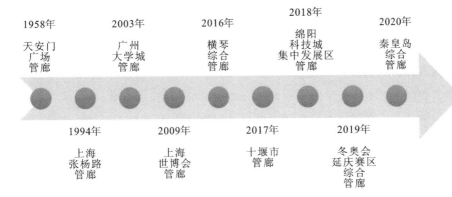

图 1.4.2　中国综合管廊建设进展

目前国内综合管廊处于飞速发展阶段,但是综合管廊的智能化监测尚未满足综合管廊飞速发展的要求。

2.国内综合管廊监测技术发展过程及趋势

我国地下管廊环境监测技术经历了开井调查、物探技术和"内外业一体化"探测技术三个阶段(徐锦国等,2015)。

(1)开井调查阶段:开井调查是最原始的依靠人工对地下管廊进行的调查。通过打开井盖,监测人员对管廊内部运行情况进行调查、采集。监测费时费力,且准确性受人为因素影响大。

(2)物探技术阶段:随着物探技术的引入,我国开始利用雷达探测、地面测温、电磁感应等技术,对埋在地下的管线进行综合探测,可以快速方便地明确其运行情况。但是由于其精准性问题,常常会产生偏差。

(3)"内外业一体化"探测技术阶段:随着智能化设备和人工智能的发展,管廊监测向智能化、自动化、数字化发展。2014 年,季文献等人根据地下综合管廊的特点,从信息采集、网络通信、联动控制等方面提出应加强地下综合管廊监控系统的可靠性与安全性。2015 年,姚永凯等人利用智能监控技术,创建了三层监控系统结构,并通过光纤环网进行数据传输。2019 年,卢皓基于 BIM+GIS 的城市综合管廊智能管控系统,同时实现了综合管廊信息管理数据化、设备操控远程化、运维管理可视化以及应急管控智能化。

国内地下管廊监测技术经过多年的发展已经取得一定的进步,但是监测精度较低,运行阶段的实际有效监测预警系统尚不成熟。

3.国内光纤监测研究现状及发展趋势

光纤感测技术是伴随着光导纤维及光纤通信技术的发展而迅速发展起来的一种以光为载体，以光纤为介质，感知和传输外界信号的新型传感技术。我国在岩土体变形分布式监测方面的研究工作，由施斌、魏广庆等在南京大学985工程项目和教育部重点项目的支持下于2000年开始，建成了针对地质工程及地质灾害防治和预警的分布式光纤监测实验室，在岩土体变形全分布式监测方面，开展了相关的试验和应用基础研究，取得了一系列重要成果。

2002年施斌等率先在南京市鼓楼隧道和玄武湖隧道采用基于BOTDR的分布式光纤感测监测技术，对隧道的整体沉降、裂缝的发生和发展进行远程分布式监测；之后施斌团队在三峡库区马家沟滑坡现场建立了监测示范区，进行了长期的基于FBG和BOTDA的监测工作。施斌于2017年提出了"大地感知系统与大地感知工程"的概念。2018年由南京大学苏州高新技术研究院院长施斌教授领衔的创新创业团队"地质工程分布式光纤监测关键技术及其应用"成果，荣获国家科学技术进步奖一等奖。2019年由南京大学施斌教授团队编写的《地质与岩土工程分布式光纤监测技术》付梓出版。

未来的研究热点主要集中于三个方面：①高性价比的分布式光纤传感解调技术的研发；②匹配地质和岩土工程监测需求的新型光纤传感器及其布设工艺的研发；③基于人工智能的监测数据处理和灾害预警系统的开发。

第二章　分布式光纤感测技术

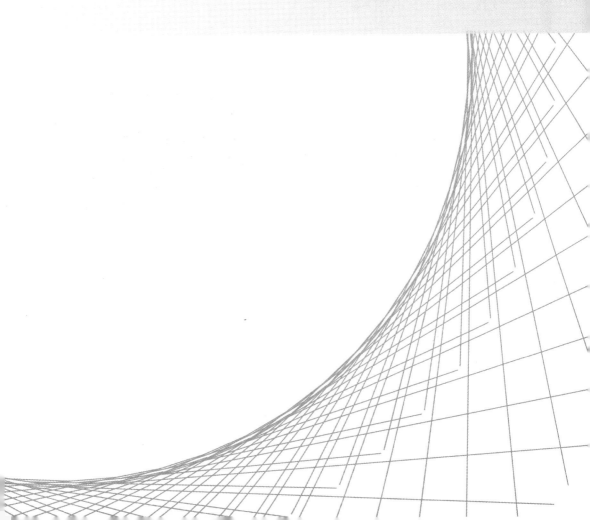

2.1　光纤与光缆

光纤是光导纤维的简称,是光纤感测技术中的"感知神经"。在本书中,光纤也是裸纤和光缆的泛称。仅由纤芯和包层组成的光纤称为裸纤。裸纤和光缆示意图如图 2.1.1 所示。

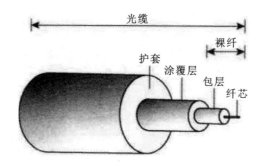

图 2.1.1　裸纤和光缆示意图

纤芯的直径一般为 $5\sim75\ \mu m$。纤芯的材料主体为二氧化硅,其中掺杂极微量的其他材料,如二氧化锗、五氧化二磷等,以提高纤芯的折射率。包层为紧贴纤芯的材料层,其直径一般为 $100\sim400\ \mu m$,最常见的包层直径为 $125\ \mu m$,其折射率稍小于纤芯材料的折射率,材料一般也是二氧化硅,其中微量掺杂物一般为三氧化二硼,以降低包层的折射率。纤芯完成光信号的传输,而包层则用来将光封闭在纤芯内,保护纤芯,并增强光纤的机械强度。当光的入射角大于临界角时,纤芯内传播的光将在纤芯和包层的界面上发生全反射,从而使光线被限制在纤芯内,向前传播。裸纤的直径虽然很小,但裸纤具有较高的单轴抗拉强度。无裂痕裸纤的主要物理力学指标如表 2.1.1 所示。

表 2.1.1　无裂痕裸纤的主要物理力学指标

直径/μm	比重	抗拉强度/(N/mm^2)	杨氏模量/(N/mm^2)	伸长率/(%)	熔点/℃
125	2.2	500	7200	$2\sim8$	1730

根据光纤传输模式的数量,光纤可分为单模光纤和多模光纤。单模光纤指在给定的工作波长上只能传输一种模式,即只能传输主模态的光纤,其纤芯直径很小,一般为 $2\sim12\ \mu m$。由于只能传输一种模式,单模光纤可以完全避免模式色散,使得带宽很宽,传输容量很大,因此,这种光纤适用于长距离的光纤通信和传感。多模光纤是指在给定的工作波长上能以多种模式同时传输的光纤,其纤芯直径很大,一般为 $50\sim100\ \mu m$。多模光纤能承载成百上千种模式,使得光脉冲变宽,产生模式色散,从而使得多模光纤的带宽变窄,降低了其传输容量,因此,多模光纤适用于较小容量的通信和较短距离的传感。

除了以上介绍的单模光纤与多模光纤外,光纤还有其他的分类方式。例如光纤按照材料分类有石英光纤、多组分玻璃光纤、全塑光纤和氟化物光纤等;按折射率分布分类有阶跃型光纤和渐变型光纤。此外,还有许多具有不同特性和功能的特种光纤,如保偏光纤、稀土掺杂光纤、双包层光纤以及光子晶体光纤等,它们在光纤通信和光纤传感领域中起到重要作用,也是提高光纤感测性能的重要切入点。

由于裸纤较脆,并且易受外界光线的干扰,因此,在包层外面还需增加一层或多层涂覆层,在涂覆层外面再加各种护套,用于隔离杂光,提高光纤强度,保护光纤。这种多层结构的光纤称为光缆。光缆不仅可以由一根光缆组成,还可以由多根光缆组成,即复合光缆。图 2.1.2 和图 2.1.3 分别为单根光缆和复合光缆结构示意图。

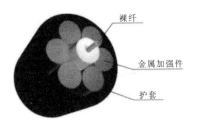

图 2.1.2 单根光缆结构示意图

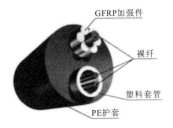

图 2.1.3 复合光缆结构示意图

裸纤在分布式光纤监测工程中几乎不能直接应用,而加了涂覆层以后,裸纤的强度得到了很大的提高,同时涂覆层的增敏和退敏作用使得裸纤作为传感介质有了更广泛的实际工程意义。但是,由于地质与岩土工程本身

15

的特点和恶劣环境,加了涂覆层的光纤仍然难以满足一般的地质与岩土工程结构的监测要求,因此,必须在光纤的涂覆层外面再加各种护套,以提高传感光纤的强度、耐磨性、抗折断性和耐久性等。

涂覆层的材料一般为硅酮或丙烯酸盐,一般用于隔离杂光和保护光纤,还能使光纤的机械变形量对某种外来作用更敏感(增敏作用),或对外来作用变得不敏感(退敏作用),以获得待测量对光纤的最佳作用。

护套的材料一般为尼龙或其他材料,如 PVC、PBT、PP、PETP 等,还有一些无机材料和铠装金属材料,用于增加光纤的机械强度,保护光纤。

2.2 光纤感测技术的工作原理

光纤感测技术是光纤传感与测量技术的总称。光纤感测技术的基本工作原理如图 2.2.1 所示。在传感光纤受到压力、应变、温度、电场、磁场等外界因素作用时,光纤中传输的光波容易受到这些外在场或量的调制,因而光波的表征参量(如强度、相位、频率、偏振态等)会发生相应改变,通过检测这些参量的变化,建立其与被测参量间的关系,就可以达到对外界被测参量的"传"、"感"与"测"。

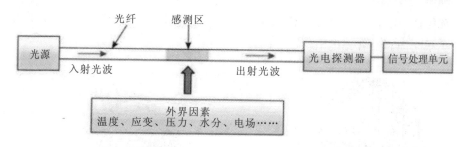

图 2.2.1 光纤感测技术的基本工作原理

光纤感测技术的工作原理简述如下:由光源发出光波,通过置于光路中的传感元件,将待测外界信息(如温度、压力、应变、电场等)叠加到载波光波上,承载信息的调制光波通过光纤传输到探测单元,由信号探测系统探测,并经信号处理后检测出随待测外界信息变化的感知信号,从而实现感测功能(张旭苹,2013)。

　　根据光纤感测技术的工作原理,光纤感测系统主要包括光源、传感光纤、传感元件、光电探测器和信号处理单元等。

　　光源就是信号源,用以产生光的载波信号。因此,它如同人的心脏,其功能直接决定了光纤感测技术的测试指标。光纤传感器常用的光源是光纤激光器和半导体激光器等,其主要技术参数包括激光线宽、中心波长、最大输出功率、相位和噪声等。光源的输出波长和输出模式等必须与传感光纤相匹配。

　　传感光纤主要起信号传输的作用。

　　传感元件是感知外界信息的器件,相当于调制器。传感元件可以是光纤本身,这种光纤传感器称为功能型光纤传感器,具有"传"和"感"两种功能,不仅起到传光的作用,同时也是感测元件。如果感测元件为非光纤类的敏感元件,而光纤仅作为光的传输介质,这种光纤传感器称为非功能型或传光型光纤传感器。

　　光电探测器的主要功能是把探测光信号转换成电信号,将电信号"解调"出来,获得感测信息。常用的光电探测器有光敏二极管、光敏三极管和光电倍增管等。

　　信号处理单元用以还原外界信息,与光电探测器一起构成解调器。

2.3　光纤感测技术的分类

　　光纤感测技术种类繁多,性能各有不同,感测的参量也不尽相同,因此,要想合理选用光纤感测技术,需要对光纤感测技术体系有深入了解,并进行分类。目前光纤感测技术分类的方法很多,如根据光的调制原理,可分为强度调制型、相位调制型、频率调制型、波长调制型和偏振态调制型等;根据光纤的作用,可分为功能型和非功能型;根据测量对象,可分为应变类、压力类、温度类、水分类、渗流类、图像类、化学类等。由于本书侧重于地质与岩土工程分布式光纤感测技术的应用,因此,从工程监测的角度,按监测方式将光纤感测技术分为三类,即点式、准分布式和全分布式,如图 2.3.1 所示。

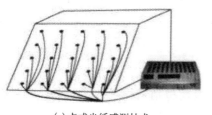
(a)点式光纤感测技术

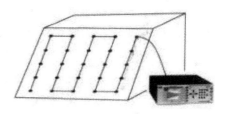
(b)准分布式光纤感测技术

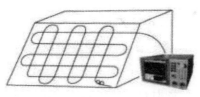
(c)全分布式光纤感测技术

图 2.3.1 光纤感测技术示意图

2.3.1 点式光纤感测技术

如图 2.3.1(a)所示,每个传感器通过一根单独的光纤传导线连接到各种光纤解调仪上,实现对测量对象上某一点或某一位置物理量的感测,有多少个传感器,就有多少根传导线。这类点式传感单元常为基于光纤布拉格光栅和各种干涉仪(如 Michelson 干涉仪、Mach-Zehnder 干涉仪、Fabry-Perot 干涉仪、Sagnac 干涉仪和白光干涉仪等),为测量某一特征物理量专门设计的传感器,如液位传感器、位移传感器等。

根据光纤传感器的标距长短,可将点式光纤传感器分为短标距和长标距两种,如图 2.3.2 所示。短标距光纤传感器的长度一般不超过 10 cm,长标距光纤传感器的长度一般超过 10 cm,两者的区别仅在于传感器感测的长度和范围,封装后的长标距光纤传感器实际上将标距长度内的被测参量均匀化,测得的被测参量反映的是标距上的平均值。应用时可根据地质和岩土工程结构的监测要求,选择相应标距的传感器。

点式光纤感测技术适用于测量对象的少数关键部位和传感器本身无法串联的单点监测,因而很难满足地质与岩土工程长距离和大范围的高密度分布式监测要求。

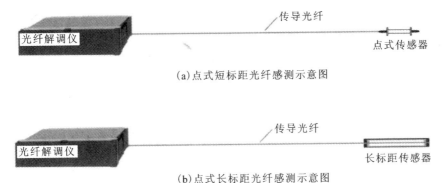

(a)点式短标距光纤感测示意图

(b)点式长标距光纤感测示意图

图 2.3.2　点式短标距和长标距光纤感测示意图

2.3.2　准分布式光纤感测技术

准分布式光纤感测技术也称为串联型光纤感测技术,如图 2.3.1(b)所示,从形式上看,它就是通过一根传导光纤或多个信息传输通道将多个点的传感器按照一定的顺序连接起来,组成传感单元阵列或多个复用的传感单元,利用时分复用、频分复用和波分复用等技术构成一个多点光纤感测系统。这种通过多点传感单元串联的方式进行的光纤感测称为准分布式光纤感测,它适用于测量对象的多点位物理量的同时监测,同时也减少了传导线的数量,大大简化了施工工序,提高了组网效率和监测效率。

传感器的复用是光纤感测技术最为突出的一个特点,复用光纤光栅传感器最为典型。光纤光栅通过波长编码等技术易于实现复用,复用光纤光栅的关键技术是多波长探测解调,常用的解调方法包括扫描光纤 F-P 滤波器法,基于线阵列 CCD 探测的波分复用技术,基于锁模激光的频分复用技术、时分复用技术与波分复用技术等。扫描光纤 F-P 滤波器法的准分布式光纤光栅感测技术结构示意图如图 2.3.3 所示。准分布式光纤感测技术在岩土工程测试和监测中用途很广,特别适用于岩土工程室内模型内部物理量和复杂构筑物关键部位的同时精确测试和监测。

根据光纤光栅传感器的标距与组合,准分布式光纤感测可分为点式、段式和链式三种,如图 2.3.4 所示。其中,准分布点式光纤感测主要适用于测量对象多点短标距的物理量变化的同时监测;准分布段式光纤感测主要适用于测量对象多段长标距的物理量变化的同时监测;如果将多个段式长标距光纤光栅传感器首尾相接,就可以实现连续的准分布感测,这种方式的感测称为准分布链式光纤感测,适用于测量对象连续多段的物理量变化的同时监测。根据测量对象的监测要求,可以采用上述三种感测方式的不同组合,形成一维、二维和三维感测网络的多维监测。

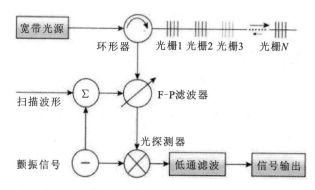

图 2.3.3 扫描光纤 F-P 滤波器法的准分布式光纤光栅感测技术结构示意图

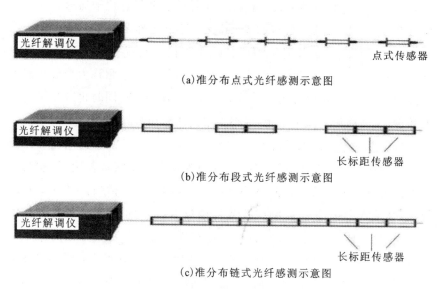

(a)准分布点式光纤感测示意图

(b)准分布段式光纤感测示意图

(c)准分布链式光纤感测示意图

图 2.3.4 三种准分布式光纤感测示意图

2.3.3 全分布式光纤感测技术

所谓全分布式光纤感测技术,就是光纤既是信号传输介质,又是传感介质,不需要具体的传感探头,可以测量传感光纤沿线任意位置处的被测物量连续分布信息[见图 2.3.1(c)]。随着光器件及信号处理技术的发展,全分布式光纤感测技术的最大感测长度已达几十至几百公里,甚至可以达到数万公里。因此,全分布式光纤感测技术尤其适用于地质与岩土工程的测试和监测,受到业界的广泛关注和应用,是光纤感测技术发展的重要方向。

全分布式光纤感测技术的工作原理主要是基于光的反射和干涉,其中利用光纤中的光散射或非线性效应随外部环境发生的变化来进行感测的反射法是目前研究最多、应用最广的技术(张旭苹,2013)。光源发出的光在光纤内传输的过程中会产生背向散射,根据散射机理可以将光纤中的散射光分为三类:瑞利(Rayleigh)散射光、布里渊(Brillouin)散射光和拉曼(Raman)散射光。其中,瑞利散射为弹性散射,散射光的频率不发生漂移,而布里渊散射和拉曼散射均为非弹性散射,散射光的频率在散射过程中会发生漂移,如图 2.3.5 所示。

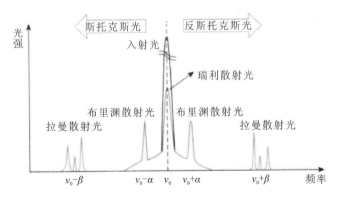

图 2.3.5 光纤中的散射光

全分布式光纤感测技术可分为散射型、干涉型(相位型)、偏振型、微弯型和荧光型等;根据信号分析方法,可以分为基于时域和基于频域两类;根据被测光信号的不同,可以分为瑞利散射、拉曼散射和布里渊散射三种类型。

2.4 常用的分布式光纤感测技术

分布式光纤感测技术包括准分布式光纤感测技术和全分布式光纤感测

技术。为简要起见,通常将全分布式光纤感测技术称为分布式光纤感测技术。本节简要介绍几种地质与岩土工程常用的分布式光纤感测技术。

2.4.1　基于布拉格光栅的准分布式光纤感测技术

1. 光纤光栅的分类

光纤光栅是近些年来得到迅速发展的光纤器件。由于研究的深入和应用的需要,各种用途的光纤光栅层出不穷,种类繁多。在实际应用中,一般按光纤光栅周期的长短将光纤光栅分为短周期光纤光栅和长周期光纤光栅两大类。周期小于 1 μm 的光纤光栅称为短周期光纤光栅,又称为光纤布拉格光栅或反射光栅,简称 FBG,它的光传播模式耦合示意图如图 2.4.1 所示;周期为几十微米到几百微米的光纤光栅称为长周期光纤光栅,又称为透射光栅,简称 LPG,它的光传播模式耦合示意图如图 2.4.2 所示。可以看出,FBG 的特点是光传播方向相反的两个芯模之间发生耦合,属于反射型带通滤波器;而 LPG 的特点是同向传播的纤芯基模和包层模之间发生耦合,无后向反射,属于透射型带阻滤波器(廖延彪等,2009)。

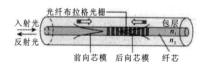

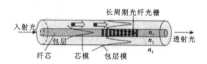

图 2.4.1　FBG 光传播模式耦合示意图(廖延彪等,2009)　　　图 2.4.2　LPG 光传播模式耦合示意图(廖延彪等,2009)

2. FBG 感测技术

FBG 感测是利用光敏光纤在紫外光照射下产生的光致折射率变化效应,使纤芯的折射率沿轴向呈现周期性分布而实现的,可以作为一种准分布式光纤感测技术。FBG 类似于波长选择反射器,满足布拉格衍射条件的入射光(波长为 λ_B)在 FBG 处被反射,其他波长的光全部穿过而不受影响,反射光谱在 FBG 中心波长 λ_B 处出现峰值,如图 2.4.3 所示。

$$\lambda_B = 2n \cdot d \tag{2.4.1}$$

式中,λ_B 为 FBG 中心波长,n 为纤芯的有效折射率,d 为 FBG 栅距。当光栅受到诸如应变和温度等环境因素影响时,栅距 d 和有效折射率 n 都会相应地发生变化,从而使反射光谱中 FBG 中心波长发生漂移,波长漂移量与应变和温度的关系可表示为

$$\frac{\Delta\lambda_B}{\lambda_B} = (1 - P_e)\varepsilon + (\alpha + \zeta)\Delta T \qquad (2.4.2)$$

式中,$\Delta\lambda_B$ 为 FBG 中心波长的变化量,P_e 为有效光弹系数,ε 为光纤轴向应变,ΔT 为温度变化量,α 为光纤的热膨胀系数,ζ 为光纤的热光系数。通过测量 FBG 中心波长的漂移量,就可得出相应的应变和温度变化量。

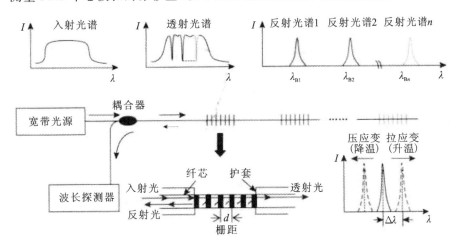

图 2.4.3　准分布式 FBG 传感器测量原理图

图 2.4.4 所示为苏州南智传感科技有限公司研发生产的基于 FFP 解调技术的 NZS-FBG-AX 系列光纤光栅解调仪,表 2.4.1 所示为该系列产品的主要技术性能指标。

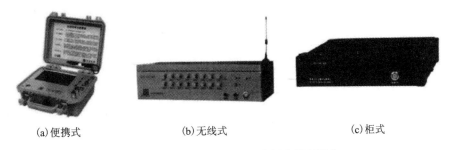

(a)便携式　　　　　　(b)无线式　　　　　　(c)柜式

图 2.4.4　NZS-FBG-AX 系列光纤光栅解调仪

表 2.4.1　NZS-FBG-AX 系列光纤光栅解调仪的主要技术性能指标

类型	低频	中频	高频	
扫描频率/Hz	0.5	100	0.5～5000	8～32 000
通道数	2,4,8,16,32	8,16	8	1
最大可串联传感器数	30	30	16	10
波长范围/nm	1527～1568			
分辨率/pm	0.2	0.5	1	
重复性/pm	±1	±2	±3	
动态范围/dB	50	35	25	15

目前,我国已经研制出能够感测上百种物理量的 FBG 传感器,这些 FBG 传感器在地质与岩土工程等基础工程的安全监测中得到了广泛应用。

3. LPG 感测技术

FBG 的感测应用有一定的局限性,如单位应力或温度的改变所引起的波长漂移较小,此外,由于光纤布拉格光栅是反射型光栅,通常需要隔离器来抑制反射光对测量系统的干扰。LPG 是一种透射型光栅,无后向反射,在传感测量系统中不需隔离器,测量精度较高。此外,与 FBG 不同,LPG 的周期相对较长,满足相位匹配条件的是同向传播的纤芯基模和包层模。因而长周期光纤光栅的谐振波长和幅值对外界环境的变化非常敏感,具有比 FBG 更高的温度、应变、弯曲、扭曲、横向负载、浓度和折射率灵敏度。因此,LPG 在光纤感测领域具有比 FBG 更多的优点和更加广泛的应用。例如,LPG 谐振波长随温度变化而线性漂移,是一种很好的温度传感器,可在 1000 ℃ 高温下工作;LPG 的横向负载灵敏度比 FBG 高两个数量级,并且谐振波长随负载线性变化,因此是很好的横向负载传感器;LPG 的谐振波长随着弯曲曲率的增大而线性漂移,其灵敏度具有方向性,因此可用于测量弯曲曲率;LPG 还可对扭曲进行直接测量,因此可用于制作分布式压力传感器。特别需要指出的是 LPG 可以用于制作各种化学传感器,可以实现对液体折射率和浓度的实时测量。Wang 等(2007)采用一种 LPG 传感器,对海水的 pH 进行测量。陈曦(2015)通过试验建立了 NaCl 溶液浓度变化与 LPG 谐振损耗峰值的关系。

尽管 LPG 的传感性能有许多优点,但是,目前 LPG 作为传感器的研究还处在实验室阶段。这是因为 LPG 传感器有温度、应变或折射率、弯曲等物理量之间的交叉敏感问题,使测量精度大大降低。虽然有许多学者已提出了不少解决方案,但均需要两种或两种以上传感器的组合才能较好地解决该问题。此外,LPG 的制作比 FBG 要复杂。目前 LPG 的制作方法主要有紫外激光振幅掩模法和 CO_2 激光逐点写入法等,前者制作工艺较为复杂,制作成本较高;后者虽然有较高的灵活性,周期易于控制,可以制作切趾 LPG,对光源的相干性没有要求,但由于需要微米级间隔的精确控制,难度较大,而且受光点尺寸限制,光栅周期不能太小。因此,LPG 传感器的工程化应用尚需一定时日。

4. 弱光纤光栅解调技术与分布式感测技术

除了 FBG 和 LPG 两种光纤光栅感测技术外,近年来,一种称为弱光纤光栅的感测技术悄然兴起。这一技术实际上是 FBG 与 OTDR 结合的产物,其中,OTDR 用来定位(罗志会等,2015)。弱光纤光栅是指反射率极低的特种光纤光栅。由于其反射率非常低,相同周期的光纤光栅可以相互穿透,实现单一光纤上大量光栅点复用。弱光纤光栅有如下传感特性:应变和温度传感性能与常规 FBG 一致,具有同等的感测精度;相同周期的光纤光栅可以同纤复用;可在同一光纤上密集加工数千个光纤光栅感测点,实现准分布式密集监测;解调速度快,可实现动态测试。弱光纤光栅结合了光纤光栅的传感优势和光时域反射测量技术的定位优势,可实现长距离的动态实时分布式监测。

目前弱光纤光栅的解调主要有两种方式:一种是利用可调谐脉冲光源结合光时域定位技术进行解调;另一种是利用可调谐脉冲光源结合光频域定位技术进行解调。前者用于长距离低空间分辨率监测,后者用于短距离高空间分辨率测量。

图 2.4.5 所示为利用可调谐脉冲光源和光时域定位技术进行解调的弱光纤光栅阵列解调系统结构框图。可调谐激光器扫描输出不同波长的连续光,经过脉冲调制和放大后进入刻有全同弱光纤光栅阵列的光纤中,光探测器对经全同弱光纤光栅阵列反射回来的光进行高速采集,按时域方式定位分析,得出各位置处光栅的光谱图。

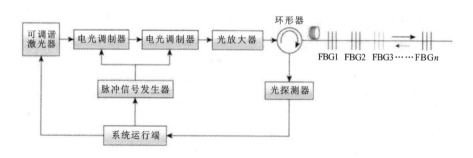

图 2.4.5 弱光纤光栅阵列解调系统结构框图(张彩霞等,2014)

目前,比较成熟的弱光纤光栅阵列制作技术有两种,一种是拉丝同步在线刻写技术,另一种是静态式侧面曝光刻写技术。

弱光纤光栅解调技术的出现和不断成熟,将大大推动分布式光纤感测技术的应用和推广,因为这一技术的性价比很高,具有全分布式光纤感测技术的大部分功能,而且解调设备的成本大大降低。利用弱光纤光栅解调技术可以制作温度传感光缆代替 DTS 进行温度和火灾监测;结合频域技术,可开发高空间分辨率的应变/温度分布式测量技术,用于各种模型和复合材料测试;将弱光纤光栅串封装成各类传感光缆、复合感知材料和传感器件串可应用于地质与岩土工程的分布式监测。尽管这一技术目前还处在工程监测试用阶段,但技术发展和应用潜力很大。

5. 其他光纤光栅感测技术

除了上述介绍的几种光纤光栅感测技术外,基于光纤的紫外光敏性和光栅加工手段的提高,还有许多种具有特殊结构的光纤光栅传感器及其感测技术。如光纤光栅折射率感测技术,可用来测量海水盐度;光纤布拉格光栅法布里-珀罗腔,可用于测量应变和温度。另外,根据测量对象监测要求以及相应传感器制作的需要,可以将光栅制作成倾斜光纤布拉格光栅、保偏光纤光栅、切趾光栅等。

6. 复用技术与准分布感测网络

光纤光栅具有波长编码的特点,使其容易实现在同一根光纤的任意位置写入不同中心波长的光栅,并利用复用技术构成准分布感测网络,大大降低了成本,减少了光纤信号传输线,简化了感测系统。根据复用的形式,复用可分为波分复用(WDM)、时分复用(TDM)、空分复用(SDM)和混合复用等。

波分复用是指在一根光纤中同时传输多个波长的光信号的技术,其基本原理是在发送端将不同波长的光信号组合起来(复用)耦合到光缆中的同一根光纤中传输,在接收端再将不同波长的光信号分开(解复用)。目前,主要应用的是 1525～1565 nm 的波长范围。波分复用功能是 FBG 传感器的最大优势,可以将具有不同栅距的 FBG 制作在同一根光纤的不同位置处,实现应变和温度的准分布式测量。

时分复用是指对光信号进行时间分割复用,在光纤中只传输单一波长的光信号,通过光延迟线将各路信号在时间上错开,通过不同的时隙来区分不同的传感光栅的反射信号。

空分复用也称为多路复用,它由多根光纤组成支路,通过光开关矩阵完成支路之间的连接,并接入光源和解调系统。这种方法是一种简单可靠的方法,但支路多时,开关较为复杂,速度较慢。

表 2.4.2 所示为上述三种复用技术性能对比。从表中可以看出,各种复用技术各有其优缺点,适合不同的场合。因此,对于一个准分布的感测网络,常常包含成千上万个传感器,仅用上述任何一种复用技术都无法达到要

表 2.4.2 三种复用技术性能对比

复用技术	拓扑结构	优点	缺点	应用场合	检测原理
WDM	串联	无串音,信噪比高,光能利用率高	复用数量受频带限制	能量资源有限的场合	
TDM	串联	复用数量不受频带限制	信噪比低	快速检测的场合	
SDM	并联	串音小,信噪比高,取样速率高	解调不同步	测点独立工作的场合	

求,需采用混合复用技术,才能形成一个大型 FBG 感测网络。混合复用感测网络一般可分为 WDM＋TDM 混合网络、WDM＋SDM 混合网络、TDM＋SDM 混合网络、SDM＋WDM＋TDM 二维传感网络等。图 2.4.6 所示为光纤光栅 WDM＋SDM 混合复用系统示意图。

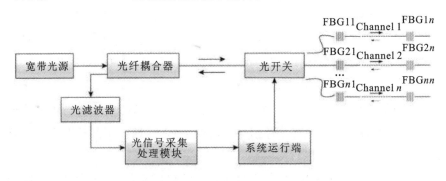

图 2.4.6 光纤光栅 WDM＋SDM 混合复用系统示意图

2.4.2 基于瑞利散射的全分布式光纤感测技术

1. OTDR 技术

瑞利散射是指线度比光波波长小得多的粒子对光波的散射。相对于光纤中的布里渊散射和拉曼散射等其他散射,瑞利散射的能量更大,更加容易被检测,因此,目前已有很多关于利用瑞利散射来进行全分布感测的研究与应用,其中最为成熟的技术为光时域反射(OTDR)技术。OTDR 是最早出现的分布式光纤传感系统,它主要用于测量通信系统中光纤光损、断裂点的位置,也是全分布式光纤感测技术的工作基础。1980 年 Fields 和 Cole 首次提出了基于微弯损耗原理的光纤微弯传感器,其因结构简单,造价低,可用于分布式应变和变形检测,引起了人们的关注并被研制成位移、压力、加速度、振动等各种传感器(Berthold,1995)。

OTDR 采用类似于雷达的测量原理:从光纤一端注入光脉冲,光在光纤纤芯传播过程中遇到纤芯折射率的微小变化就会发生瑞利散射,形成背向散射光返回光纤入射端。瑞利散射光的强度与传输光功率之比是恒定常数,如果光纤某处存在缺陷或因外界扰动而引起微弯,该位置散射光强会发生较大衰减,通过测定背向散射光到达的时间和功率损耗,便可确定缺陷及

扰动的位置和损伤程度。背向散射光功率与入射光功率之间的关系可以表示为

$$P_{BS}(z_0) = kP(z_0)\exp(-2\alpha_z z) \tag{2.4.3}$$

式中，$P(z_0)$ 为入射端面光功率；$P_{BS}(z_0)$ 为入射端面背向散射光功率；k 为与光纤端面的反射率、光学系统损耗、探测器转换效率和放大器等因素有关的影响系数；α_z 为光在光纤中传播的衰减系数；z 为光纤上任意一点至入射端的距离，可以由式(2.4.4)计算得到

$$z = c\Delta t/(2n) \tag{2.4.4}$$

式中，c 为真空中的光速，n 为光纤的折射率，Δt 为发出脉冲光与接收散射光的时间间隔。

光纤微弯损耗传感器通过检测光纤局部的微弯损耗来进行传感监测，从严格意义上讲，光纤微弯损耗传感器属于准分布式光纤传感器。OTDR工作原理图如图 2.4.7 所示。

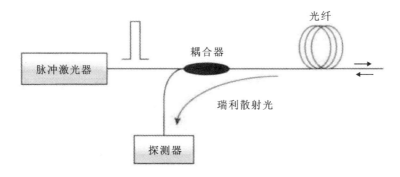

图 2.4.7 OTDR 工作原理图

近些年来，国内外研究者将基于 OTDR 的分布式光纤感测技术应用于基础工程中的裂缝监测，取得了不少成果。如 Rossi 与 LeMaou(1989)使用 OTDR 埋入式多模光纤探测公路隧道混凝土中的裂缝；Ansari(1992)使用 OTDR 环形光纤测量混凝土梁试件裂缝的宽度；国内研究者将基于 OTDR 的分布式光纤传感技术应用于桥梁、大坝的应变和裂缝监测以及边坡滑动监测等，也取得了不少研究成果(刘浩吾，1999；刘浩吾，谢玲玲，2003；蔡德所等，1999，2001；雷运波等，2005)。

由于 OTDR 分布式光纤感测技术主要基于光纤微弯损耗机制，光源功率波动、光纤微弯效应及耦合损耗等因素都会对探测光强产生影响，感测参

量难以标定,且由于微弯作用使得光纤中光传输的损耗增加,长距离的分布式监测难以实现,影响了该技术在工程监测中的定量监测。但是在一些大型岩土工程和地质灾害的监测中,该技术仍可很好地发挥作用,具有推广应用价值。

2.OFDR 技术

光频域反射(OFDR)技术最初是由德国的 Eickhoff 等于 1981 年提出的,其基本原理是利用连续波频率扫描技术,运用外差干涉方法,采用周期性线性波长扫描的光源,利用耦合器分别接入参考臂和信号臂,参考臂的本振光与信号臂的背向瑞利散射信号因为光程不同,其自身携带的频率也不同,故二者发生拍频干涉,其干涉信号的拍频与信号臂发生背向散射位置的距离成正比,再经过快速傅里叶变换(FFT),就可以得到距离域上的光纤背向瑞利散射信号的信息(刘琨等,2015)。OFDR 工作原理图如图 2.4.8所示。

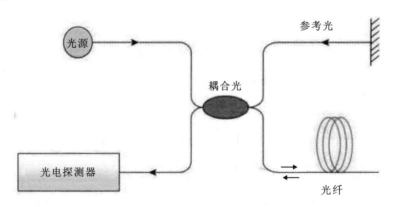

图 2.4.8　OFDR 工作原理图

利用 OFDR 技术进行感测时,可以把待测光纤当作一种连续分布的弱随机周期的布拉格光栅。外界应变和温度的变化会引起布拉格光栅光谱的移动,同样,外界应变和温度的变化也会引起待测光纤中瑞利散射光谱的移动。这种瑞利散射光谱的移动可以通过待测外界施加应变和温度的瑞利散射光谱与外界未施加应变和温度的本地参考光谱的互相关运算得到,通过计算互相关的峰值位置就可以得到瑞利散射光谱的移动量。瑞利散射光谱的移动量反映了光纤中应变和温度的大小,从而实现了利用 OFDR 技术测应变和测温度的分布式感测。

从目前 OFDR 的相关测试仪器的性能来看,该技术具有以下特点。

(1)OFDR 需要采用相干接收的方式来探测瑞利散射信号,为了保证参考光与光纤中产生的瑞利散射光能够相干,感测光纤的长度要远小于光源的相干长度,目前仪器感测的最大长度为 100 m。

(2)OFDR 测量的空间分辨率是由光源的频率扫描范围决定的。目前激光器可实现的频率扫描范围在数吉赫兹,因此,OFDR 的空间分辨率很高,在 50 m 的测量长度上,可达到毫米级;在 1 m 的测量长度上,可以达到微米级。

(3)由于 OFDR 对于造成光纤中光波相位及偏振态改变的测量很敏感,因此 OFDR 在测量温度、应变、应力等方面有很好的应用。通常情况下,背向瑞利散射的光谱响应变化主要受光纤应变和温度的影响,光纤中任意区域瑞利散射的变化会导致该区域对应的背向散射光谱的变化,这些变化可以被标定,并转化为应变和温度。该分布式光纤传感系统所采用的可调谐波长干涉技术,使得分布式应变和温度的测量可在几十米长的标准光纤上具有毫米级的空间分辨率,应变和温度的测量精度可达到 $1~\mu\varepsilon$ 和 $0.1~℃$,相当于准分布的 FBG 测量精度。

(4)对于地质与岩土工程监测而言,虽然 OFDR 具有很高的测量灵敏性和高空间分辨率,但由于其测量距离短,太高的测量灵敏性和精度反而导致大量的噪声出现,测量结果难以分析。因此,目前 OFDR 主要适用于地质与岩土工程的室内模型试验测试。

3. 其他 OTDR 相关技术

除了以上介绍的 OTDR 和 OFDR 两种光纤感测技术外,从 OTDR 衍生出另外两种全分布式光纤感测技术,在长距离海底光缆和光纤压力监测中得到了很好的应用。它们分别是相干光时域反射(COTDR)技术和偏振光时域反射(POTDR)技术。COTDR 通过相干检测,可以将微弱的瑞利散射信号从较强的自发辐射放大(ASE)噪声中提取出来,从而克服了 OTDR 监测长距离通信光缆中信噪比小的障碍,大大延长了监测距离,可以实现上万公里海底光缆的健康监测。目前 COTDR 主要用于通信光缆衰减、断裂和空间故障定位等监测,如何将其应用于长距离的地质和岩土工程相关物理量的监测,还需要开展大量的试验研究进行论证。POTDR 是在 OTDR 的基础上发展起来的,但与 OTDR 的测量原理有所不同。它测量的是脉冲光在光纤传输中产生的瑞利散射光的偏振态沿光纤长度上的变化。由于光纤中光波的偏振态对温度、振动、应变、弯曲、扭曲等的变化非常敏感,因此,POTDR 可作为全分布式光纤感测技术对光纤沿线的物理量进行分布式测量。目前,POTDR 主要应用于高压输电线路中电压的测量、持续振动和阻尼振动的高频测量等,如何采用这一技术对地质与岩土工程中压力等物理量进行测量,将是 POTDR 全分布式光纤感测技术应用研究的生长点。

2.4.3 基于拉曼散射的全分布式光纤感测技术

1. ROTDR 的感测原理与应用

拉曼散射是脉冲光在光纤中传输时,光子与光纤中的光学声子非弹性碰撞作用的结果。光注入光纤中时,光谱中会出现两个频移分量:反斯托克斯光和斯托克斯光,如图 2.3.5 所示。

反斯托克斯光和斯托克斯光的强度比与光纤局部温度的关系如下:

$$R(T) = \frac{I_{as}}{I_s} = \left(\frac{v_{as}}{v_s}\right)^4 \cdot \exp\left(-\frac{hcv_R}{KT}\right) \qquad (2.4.5)$$

式中,$R(T)$ 为待测温度的函数;I_{as} 为反斯托克斯光强度;I_s 为斯托克斯光强度;v_{as} 为反斯托克斯光频率;v_s 为斯托克斯光频率;c 为真空中的光速;v_R 为拉曼频率漂移量;h 为普朗克常数;K 为玻尔兹曼常数;T 为绝对温度。式 (2.4.5) 中,$R(T)$ 仅与温度有关,而与光强、入射条件、光纤几何尺寸、光纤成分无关。

通过检测背向散射光中斯托克斯光和反斯托克斯光的强度,由式 (2.4.5) 结合 OTDR 技术就可以对光纤沿线的温度进行测量和空间定位,实现基于拉曼散射的全分布式温度感测。基于拉曼光时域反射(ROTDR)技术的全分布式光纤测温技术结构原理图如图 2.4.9 所示。

1983 年,英国的 Hartog 报道了第一个使用液芯光纤的分布式温度传感系统;1985 年,英国的 Dakin 基于上述原理在实验室用氩离子激光器与通信光纤进行了拉曼光谱效应分布式光纤温度传感器测温实验,获得了较理想的温度分布测量曲线;同年,Hartog 和 Dakin 分别独立地用半导体激光器作为光源研制了测温用的分布式光纤温度传感器实验装置。英国一家公司在

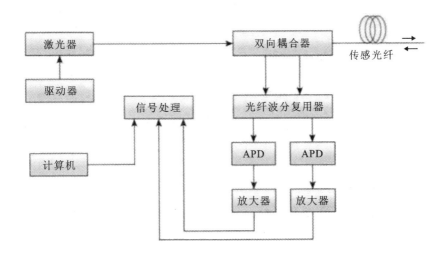

图 2.4.9 基于 ROTDR 技术的全分布式光纤测温技术结构原理图(张旭苹,2013)

20 世纪 80 年代末 90 年代初推出了 2 km 光纤的 DTS-Ⅱ型分布式光纤温度传感系统;在 90 年代中后期又推出了长距离的 DTS-800 系列分布式光纤温度传感系统。除英国之外,日本等国家也开展了基于光纤拉曼光谱温度效应和光时域反射技术的分布式光纤温度传感系统的研究(Ogawa et al.,1989)。

在国内,20 世纪 80 年代后期,重庆大学首先开始了拉曼散射型的分布式光纤传感系统的研究;之后,中国计量大学、浙江大学、北京理工大学、华中科技大学、北京航空航天大学和浙江振东光电科技有限公司等高校和科研单位也开展了分布式光纤温度监测系统的研究(黄尚廉等,1991;张在宣,刘天夫,1995;宋牟平等,1999;段云锋等,2005)。

2. ROFDR 的感测原理与应用

拉曼光频域反射(ROFDR)技术与拉曼光时域反射(ROTDR)技术的不同在于:ROFDR 采用的是连续频率调制光,然后分别测量出斯托克斯拉曼散射光和反斯托克斯拉曼散射光在不同输入频率下的响应,通过傅里叶逆变换计算出系统的脉冲响应,得到时域的斯托克斯拉曼散射和反斯托克斯拉曼散射 OTDR,再按照 ROTDR 的方法计算温度分布(Zou et al.,2009)。这样系统的信噪比就和空间分辨率没有关系,有可能在不损失信噪比的情况下提高空间分辨率。与相干检测技术相结合,就可以大幅提高灵敏度,同时可实现厘米级甚至毫米级的空间分辨率(Thevenaz et al.,1998)。

目前市场上由德国 LIOS 公司开发的 ROFDR 测试系统,在超长距离上有着独特优势,最大感测长度达 70 km(单模纤芯),空间分辨率可以达到 0.5 m,感测精度与 ROTDR 相当。造成 ROFDR 设备研发慢的原因主要有以下几个方面:ROFDR 对激光器和调制器的要求比较高;测量传递函数的傅里叶逆变换和信号处理系统比较复杂;ROTDR 相关的技术发展比较快,使得 ROFDR 的优势还未显现出来。

基于 ROTDR 和 ROFDR 的分布式温度监测技术,经过多年的发展已日趋成熟,在长距离、大范围的温度监测方面,分布式光纤温度监测系统具有无可比拟的优势,尤其适合煤矿、石油、地热、隧道和地铁等的分布式温度监测和火灾报警,油库、危险品仓库、冷库、核反应堆和军火库等的温度监测,地下和架空高压电力电缆的热点检测与监控,供热系统管道、输油管道的泄漏检测,高层建筑、大坝、船闸码头混凝土浇注水化热等的分布式温度监测,应用前景十分广阔。同时,随着主动加热传感光缆的研发,基于 ROTDR 的分布式温度监测技术已应用于岩土体中水分场含水率、水位和渗流的监测。

2.4.4 基于布里渊散射的全分布式光纤感测技术

1.布里渊散射

布里渊散射是光波与声波在光纤中传播时产生非弹性碰撞而出现的光散射过程。在不同条件下,布里渊散射又分为自发布里渊散射和受激布里渊散射两种。

(1)自发布里渊散射。

在注入光功率不高的情况下,自发热运动而产生的声学声子在光纤中传播的过程中,对光纤材料折射率产生周期性调制,形成以一定速率在光纤中移动的折射率光栅。入射光受折射率光栅衍射作用而发生背向散射,同时使布里渊散射光发生多普勒效应而产生布里渊频移,这一过程称为自发布里渊散射。

(2)受激布里渊散射。

向光纤两端分别注入反向传播的脉冲光(泵浦光)和连续光(探测光),

当泵浦光与探测光的频差处于光纤相遇区域中的布里渊增益带宽内时,由电致伸缩效应而激发声波,产生布里渊放大效应,从而使布里渊散射得到增强,这一过程称为受激布里渊散射。对于受激布里渊散射,泵浦光、探测光和声波三种波相互作用,泵浦光功率向斯托克斯光波和声波转移,由声波场引起的折射率光栅衍射作用反过来耦合泵浦光和探测光。泵浦光和探测光在作用点发生相互间的能量转移,当泵浦光的频率高于探测光的频率时,泵浦光的能量向探测光转移,称为增益型受激布里渊散射;当泵浦光的频率低于探测光的频率时,探测光的能量向泵浦光转移,称为损耗型受激布里渊散射。前者的泵浦光在光纤内传播过程中,其能量会不断地向探测光转移,在传感距离较长的情况下会出现泵浦耗尽情况,难以实现长距离传感;而后者能量的转移使泵浦光的能量升高,不会出现泵浦耗尽情况,使得传感距离大大增加,在长距离光纤传感中应用较多(何玉钧,尹成群,2001)。

布里渊散射同时受温度和应变的影响,当光纤沿线的温度发生变化或者存在轴向应变时,光纤中的背向布里渊散射光的频率将发生漂移,频率的漂移量与光纤温度和应变的变化呈良好的线性关系,因此通过测量光纤中的背向布里渊散射光的频移量就可以得到光纤沿线温度和应变的分布信息。

2. 布里渊光时域反射技术

(1)感测原理。

自发布里渊散射信号相当微弱,比瑞利散射信号约小两个数量级,检测比较困难。1992 年,日本 NTT 公司的 Kurashima 等研发了采用相干检测的方法探测自发布里渊散射信号的 BOTDR。1996 年,日本安藤公司研发了基于自发布里渊散射原理的 AQ8602 型布里渊光时域反射仪,该仪器的应变测量精度为 100 $\mu\varepsilon$,最小的空间分辨率可达 2 m;到 2001 年,该公司又推出了高精度、高稳定性的 AQ8603 型布里渊光时域反射仪,该仪器具有较高的可靠性,而且光路结构简单,成本较低,可以实现 30 $\mu\varepsilon$ 的测量精度,空间分辨率最高为 1 m,最长的测量距离可以达到 80 km。

BOTDR 系统结构简图如图 2.4.10 所示。光源采用分布反馈式激光器(DFB-LD),光源产生的光通过光耦合器,分成探测光和参考光两部分,探测光经过脉冲调制后,进入频率转换电路,频率转换电路使探测光的频率增加,脉冲光注入光纤进行应变测量。入射的脉冲光与光纤中的声学声子发生相互作用后产生背向布里渊散射光,布里渊散射光发生多普勒效应而产生布里渊频移。布里渊散射光沿着与入射光波相反的方向返回到脉冲光的入射端,进入 BOTDR 的光电转换和信号处理单元。双平衡 PD 将光信号转换为电信号,经过一个宽带放大器,进入电外差接收器,之后经过数字信号处理器的平均化处理,得到光纤沿线各个采样点的散射光功率谱,如图 2.4.11(a)所示。AQ8603 型布里渊光时域反射仪在受光部增加了一个电子振荡器,通过改变其输出信号的频率值实现不同频率下布里渊散射光功率的测量,如图 2.4.11(b)所示。如果光纤受到外力作用产生轴向应变 ε,布里渊频移 v_B 也会发生相应的改变,如图 2.4.11(c)所示。通过测量拉伸段光纤的布里渊频移,由频移的变化量与光纤的应变之间的线性关系就可以得到光纤的应变量。发生散射的位置至脉冲光的入射端的距离 z 可以通过光时域分析由式(2.4.4)计算得到(Kurashima et al.,1993;Ohno et al.,2001)。

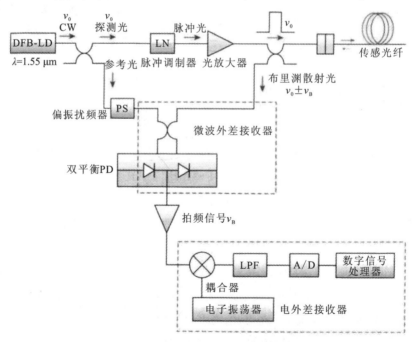

图 2.4.10　BOTDR 系统结构简图

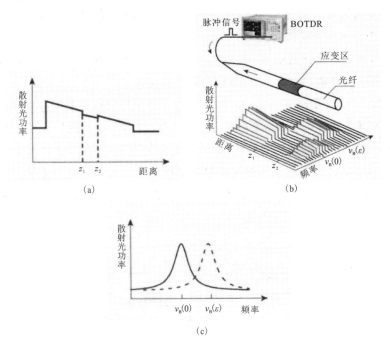

图 2.4.11　BOTDR 测量原理图

（2）应变与布里渊频移的关系。

布里渊散射光发生多普勒效应而产生布里渊频移，布里渊频移可以表示为

$$v_B = 2nV_a/\lambda \tag{2.4.6}$$

式中，n 为光纤的折射率；V_a 为声波速度；λ 为入射光的波长。其中，声波速度 V_a 可以表示为

$$V_a = \sqrt{\frac{(1-\mu)E}{(1+\mu)(1-2\mu)\rho}} \tag{2.4.7}$$

式中，E、μ 和 ρ 分别为光纤的杨氏模量、泊松比和密度。

当脉冲光从光纤的一端注入时，在同一端检测到的光纤上任意小段 $\mathrm{d}z$ 的背向布里渊散射光功率可以表示为

$$\mathrm{d}P_B(z,v) = g(v,v_B)\frac{c}{2n}P(z)\mathrm{d}z - 2\alpha_z z \tag{2.4.8}$$

$$g(v,v_B) = \frac{(\Delta v_B/2)^2}{(v-v_B)^2 + (\Delta v_B/2)^2}g_0 \tag{2.4.9}$$

式中，z 为光纤上任意一点至脉冲光的入射端的距离；$P(z)$ 为注入光的功率；v 为背向布里渊散射光的频率；c 为光速；α_z 为光纤的增益系数；$g(v, v_B)$ 为布里渊散射光频谱功率，满足洛伦兹函数，在布里渊频移 v_B 处达到峰值；g_0 为频谱的峰值功率；Δv_B 为布里渊频移变化量。

图 2.4.12 给出了 AQ8603 型布里渊光时域反射仪由实测布里渊散射光功率谱计算光纤布里渊频移的方法。由于实测的布里渊散射光功率是按一定频率间隔扫描得到的离散数据，为了避免在提取峰值频率过程中的量化误差，AQ8603 型布里渊光时域反射仪采用最小二乘法对最大功率以下 3 dB 的实测数据进行曲线拟合，其峰值点所对应的频率即为所要寻找的布里渊频移 v_B。

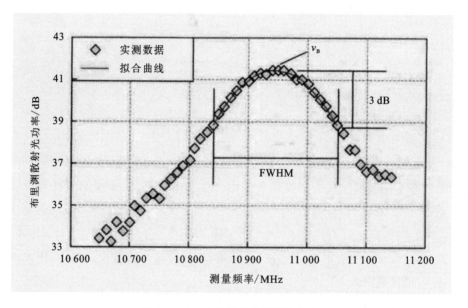

图 2.4.12　布里渊频移的计算方法

应变通过弹光效应引起折射率的变化，而应变对声速的影响则是通过对 E、μ 和 ρ 的影响实现的。密度随应变而变化是显而易见的，而应变对杨氏模量和泊松比的影响，则与光纤内部原子间的相互作用势有关，一般来讲，两者均与小应变 ε 近似呈线性关系。由此可见，应变势必引起布里渊散射频移的变化，两者之间有确定的对应关系。不考虑温度的变化，v_B、n、E、μ 和 ρ 均视为应变的函数，由式(2.4.6)和式(2.4.7)得到应变与布里渊频移的关系如下：

$$v_{\mathrm{B}}(\varepsilon) = \frac{2n(\varepsilon)}{\lambda} \sqrt{\frac{[1-\mu(\varepsilon)]E(\varepsilon)}{[1+\mu(\varepsilon)][1-2\mu(\varepsilon)]\rho(\varepsilon)}} \qquad (2.4.10)$$

在小应变的情况下，在 $\varepsilon = 0$ 处，对式(2.4.10)作泰勒展开，精确到 ε 的一次项，经过一系列的变换，可得到

$$v_{\mathrm{B}}(\varepsilon) = v_{\mathrm{B}0}[1 + (\Delta n_\varepsilon + \Delta E_\varepsilon + \Delta \mu_\varepsilon + \Delta \rho_\varepsilon)\varepsilon] \qquad (2.4.11)$$

式中，$v_{\mathrm{B}0}$ 为初始布里渊频移。对某一确定的光纤来说，Δn_ε、ΔE_ε、$\Delta \mu_\varepsilon$ 和 $\Delta \rho_\varepsilon$ 均为常数。令频移-应变系数 $C_\varepsilon = \Delta n_\varepsilon + \Delta E_\varepsilon + \Delta \mu_\varepsilon + \Delta \rho_\varepsilon$，则式(2.4.11)可改写为

$$v_{\mathrm{B}}(\varepsilon) = v_{\mathrm{B}0}(1 + C_\varepsilon \cdot \varepsilon) \qquad (2.4.12)$$

石英光纤中无应变时，Δn_ε、ΔE_ε、$\Delta \mu_\varepsilon$ 和 $\Delta \rho_\varepsilon$ 的典型值分别为 -0.22、3.48、0.24 和 0.33，则 $C_\varepsilon = 3.83$。

当温度为 20 ℃，入射光的波长为 1.55 μm，无应变时，普通单模石英光纤的布里渊频移为 11 GHz。由式(2.4.12)可知，应变每变化 100 με，布里渊频移的变化约为 5 MHz(黄民双等，1999)。

(3)温度与布里渊频移的关系。

温度通过光纤热弹性效应引起光纤折射率的变化。光纤的自由能随温度变化，造成光纤杨氏模量和泊松比的改变，而温度对光纤密度的影响是通过热膨胀效应实现的。

不考虑应变的影响，v_{B}、n、E、μ 和 ρ 均视为温度的函数，得到温度与布里渊频移的关系

$$v_{\mathrm{B}}(T) = \frac{2n(T)}{\lambda} \sqrt{\frac{[1-\mu(T)]E(T)}{[1+\mu(T)][1-2\mu(T)]\rho(T)}} \qquad (2.4.13)$$

在温度变化较小时，同理可得到

$$v_{\mathrm{B}}(T) = v_{\mathrm{B}0}(1 + C_T \cdot T) \qquad (2.4.14)$$

式中，C_T 为频移-温度系数，约为 1.18×10^{-4}。由式(2.4.14)可知，温度每变化 1 ℃，布里渊频移的变化约为 1.3 MHz。

同时考虑应变和温度对布里渊频移的影响，由式(2.4.12)和式(2.4.14)可得

$$v_{\mathrm{B}}(\varepsilon, T) = v_{\mathrm{B}0} + \frac{\partial v_{\mathrm{B}}(\varepsilon)}{\partial \varepsilon} \cdot \varepsilon + \frac{\partial v_{\mathrm{B}}(T)}{\partial T} \cdot T \qquad (2.4.15)$$

式中，$\partial v_{\mathrm{B}}/\partial \varepsilon$ 和 $\partial v_{\mathrm{B}}/\partial T$ 分别为布里渊频移-应变系数 C_ε 和布里渊频移-温度系数 C_T。

对于 AQ8603 系统，$\partial v_B/\partial \varepsilon = 493$ MHz/%，$\partial v_B/\partial T = 1$ MHz/℃。图 2.4.13所示为布里渊频移与应变和温度之间的线性关系。

布里渊分布式光纤感测技术采用光时域反射(OTDR)技术实现空间定位，光纤上任意一点至脉冲光入射端的距离由式(2.4.4)计算得到。另外，空间分辨率是光时域反射技术的一个重要指标，是指仪器所能分辨的两个相邻事件点间的最短距离，反映了区分相邻两点和相邻事件的能力。

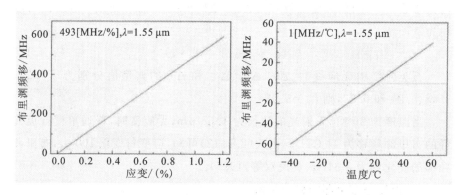

图 2.4.13　布里渊频移与应变和温度之间的线性关系

(4)BOTDR 技术性能。

BOTDR 突破了传统点式传感的概念，可对测量对象进行分布式连续监测。目前，BOTDR 可以监测长达 80 km 的光纤应变，空间分辨率可达到 1 m，空间采样间隔最小为 0.05 m，空间定位精度可以达到 0.32 m，这些指标已能够满足地质和岩土工程预测预警的监测要求。图 2.4.14 所示为中国电子科技集团公司第四十一研究所生产的 AV6419 型 BOTDR 光纤应变分析仪实物照片，表2.4.3所示为该分析仪的主要技术性能指标。

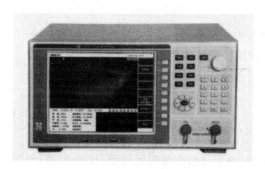

图 2.4.14　AV6419 型 BOTDR 光纤应变分析仪实物照片

表 2.4.3　AV6419 型 BOTDR 光纤应变分析仪的主要技术性能指标

脉冲宽度/ns	10	20	50	100	200
动态范围*/dB	3.5	7.5	11.5	14.5	16.5
应变测量范围/$\mu\varepsilon$	$-15\ 000\sim15\ 000$				
测量范围/km	1,2,5,10,20,40,80				
空间采样间隔/m	0.05,0.10,0.20,0.50,1.00				
最大空间采样点数	100 000				
频率采样范围/GHz	$10\sim12$				
测量频率步长/MHz	1,2,5,10,20,50				
平均次数	$2^{10}\sim2^{24}$				
测量通道数	8,16				

注：*测量条件为平均次数 2^{14}、测量频率步长 5 MHz。

3. 受激布里渊光时域分析感测原理

基于受激布里渊散射的光时域分析（Brillouin optical time-domain analysis,简称 BOTDA）技术,最初由 Horiguchi 等(1989)提出用于光纤通信中的光纤无损测量。近二十年来,国内外许多科研机构和公司致力于 BOTDA 系统的研发,如瑞士 SMARTEC 和 Omnisens 公司联合研制的 DiTeSt 系统,在监测范围小于 10 km 的情况下,空间分辨率可以达到 0.5 m,温度和应变测量精度分别为 1 ℃和 20 $\mu\varepsilon$。我国睿科光电技术有限公司研发生产的 RP1000 系列高空间分辨率分布式布里渊光纤温度和应变分析仪,在感测距离小于 2 km 的条件下,空间分辨率可达 2 cm。

当 BOTDA 系统采用的泵浦脉冲宽度减小时,布里渊频谱变宽,同时峰值信号的强度也会降低。因此,仅通过减小脉冲宽度来提高空间分辨率是难以实现的。Bao 等(1999)通过在泵浦脉冲光前面添加泄漏光的方法,同时获得高空间分辨率和窄的布里渊频谱,在实验室环境下实现了 1 ns 脉冲宽度的受激布里渊散射,获得了厘米级的空间分辨率。但进行监测时,传感光纤长度改变以后需要对测量设置进行修改,并且随着监测范围的增大,信号的噪声也会增大,长距离监测难以实施。这两个技术缺陷的存在,使得该技

41

术难以商业化应用。Kishida 等(2005)基于泄漏光泵浦脉冲的理论模型,引入预泵浦脉冲方法,实现了厘米级的分布式感测,并研制出 NBX-6000 系列预泵浦脉冲布里渊光时域分析仪(简称 PPP-BOTDA)。

PPP-BOTDA 技术测量原理如图 2.4.15 所示。通过改变泵浦激光脉冲结构,在光纤两端分别注入阶跃型泵浦脉冲光和连续光,预泵浦脉冲 PL 在泵浦脉冲 PD 到达探测区域之前激发声波,预泵浦脉冲、泵浦脉冲、探测光和激发的声波在光纤中发生相互作用,产生受激布里渊散射。泵浦脉冲对应高空间分辨率(500 m 测量长度对应的空间分辨率达 2 cm)和宽的布里渊频谱,预泵浦脉冲对应低空间分辨率和窄的布里渊频谱,可确保高测量精度。通过对探测激光光源的频率进行连续调整,检测从光纤另一端输出的连续光功率,就可确定光纤各小段区域上布里渊增益达到最大时所对应的频率差,该频率差与光纤上各段区域上的布里渊频移相等,根据布里渊频移与应变、温度的线性关系就可以确定光纤沿线各点的应变和温度。

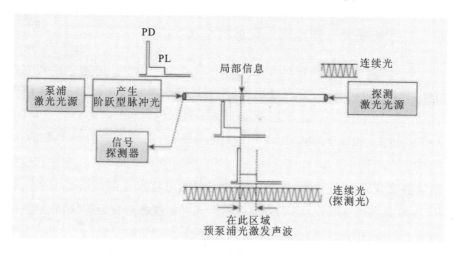

图 2.4.15　PPP-BOTDA 技术测量原理

同 BOTDR 系统相比,基于受激布里渊散射的 BOTDA 感测系统可以获得相对较强的散射信号,空间分辨率也从 1 m 提高到了厘米级,从而使应变、温度等信息的空间定位更加准确。但 BOTDA 技术采用双端检测,需要从光纤两端分别注入泵浦脉冲光和探测光,传感光纤必须构成测量回路,这给其在地质与岩土工程中的实际应用带来很大困难,监测风险较大。

4.受激布里渊光频域分析技术

受激布里渊光频域分析(Brillouin optical frequency-domain analysis,简称 BOFDA)技术与受激布里渊光时域分析技术类似,都是利用光纤中的布里渊背向散射光的频移与温度和应变间的线性关系实现感测的,不同的是它们获取布里渊频移的方法不同。图 2.4.16 所示为 BOFDA 工作原理图。在光纤一端注入窄线宽的泵浦激光信号,另一端同时注入频率可变的调幅探测光(斯托克斯光),其调制频率依次为 $f_m = m\Delta f(m = 0,1,2,\cdots,M-1)$。调幅泵浦光和斯托克斯光在光纤中相向传播,两者信号输入矢量网络分析仪(VNA)中,通过与初始调制信号进行振幅和相位之间的比较,可以得到每一调制频率下的光纤基带传输函数 $H(jw,f_m)$。

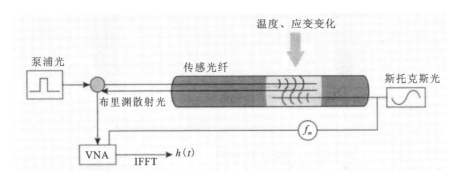

图 2.4.16　BOFDA 工作原理图

基带传输函数可通过快速傅里叶逆变换(IFFT)得到脉冲响应函数 $h(t,f_m)$。脉冲响应函数最后可通过式(2.4.17)确定测量位置 z 与 Δf 之间的关系。

$$H(jw,f_m) \xrightarrow{\text{IFFT}} h(t,f_m) \xrightarrow{\text{式}(2.4.17)} h(z,f_m) \qquad (2.4.16)$$

$$z = \frac{1}{2}\frac{c\Delta t}{n} \qquad (2.4.17)$$

式中,$H(jw,f_m)$ 为基带传输函数,$h(t,f_m)$ 为脉冲响应函数,z 为测量位置,c 为光速,n 为光纤的折射率。

当探测光的调制频率 f_m 与布里渊频移 v_B 相等时,在光纤中就会产生布里渊增益效应,能量最高。通过对比各级 $h(t,f_m)$ 的幅值变化来确定位置 z 处的布里渊频移 v_B,布里渊频移 v_B 与光纤应变 ε 呈线性关系:

$$v_B(\varepsilon) = v_{B0} + \frac{dv_B(\varepsilon)}{d\varepsilon}\varepsilon \tag{2.4.18}$$

式中，$v_B(\varepsilon)$ 为光纤受到 ε 应变时的布里渊频移；v_{B0} 为在测试环境温度不变的条件下，光纤处于自由状态时的布里渊频移；$dv_B(\varepsilon)/d\varepsilon$ 为光纤的应变系数；ε 为光纤的实际应变。

从目前市场上可以购买的几种基于布里渊散射光的分布式光纤解调仪的性能来看，由德国 FibrisTerre 公司生产的 fTB2505 型 BOFDA 的测试精度和速度均较高，甚至可实现小范围的动态测试，频域技术的优势很明显。图 2.4.17 所示为 fTB2505 型 BOFDA 仪器照片，表 2.4.4 所示为该仪器的基本性能指标。

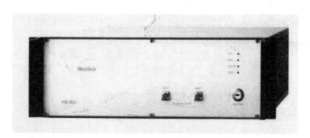

图 2.4.17   fTB2505 型 BOFDA 仪器照片

表 2.4.4   fTB2505 型 BOFDA 仪器的基本性能指标

光纤类型	SMF
动态范围/dB	＞20
最高空间分辨率/cm	20
最高采样分辨率/m	0.05
应变测量精度/$\mu\varepsilon$	±2
应变测量范围/$\mu\varepsilon$	−15 000～15 000
测量范围/km	50
频率采样范围/GHz	9.9～12.0

5. ROTDR 与 BOTDR 融合型感测系统

ROTDR 能够全分布地感测光纤沿线的温度分布，并且不受光纤应变的影响，而 BOTDR 能够全分布地同时对光纤沿线的应变和温度分布进行监测,当环境温度变化较大时,如果采用 BOTDR 进行应变监测,则需要对测量结果进行温度补偿。由于 ROTDR 与 BOTDR 均具有全分布、长距离和单端测量的优势,因此,一些研究者试图将这两种技术融合,形成 ROTDR 与 BOTDR 融合型感测系统。2004 年,英国南安普顿大学 Newson 研究团队首次报道了拉曼与布里渊联合传感器,该传感器可在 6.3 km 范围内实现应变和温度的同时测量,空间分辨率为 5 m,温度分辨率为 3.5 ℃,应变分辨率为 80 $\mu\varepsilon$;2011 年,该校 Belal 与 Newson 又将二者结合起来,在 135 m 长的范围内进行测量,空间分辨率提高到了 24 cm,温度和应变分辨率分别达到 2.5 ℃ 和 97 $\mu\varepsilon$。2009 年,意大利 Soto 等研究了拉曼与布里渊融合型的分布式光纤传感器,在 25 km 光纤长度范围内,实现了温度分辨率 1.2 ℃,应变分辨率 100 $\mu\varepsilon$。2010 年,我国学者张在宣等利用光纤拉曼散射的温度效应、自发布里渊散射的应变效应和光时域反射原理,成功研制全分布式温度和应变同时测量的光纤传感器装置。2015 年,南京大学联合中国电子科技集团公司第四十一研究所和苏州南智传感科技有限公司,获批国家自然科学基金委员会国家重大科研仪器研制项目"地质体多场多参量分布式光纤感测系统研制",研发出 ROTDR 和 BOTDR 融合型解调设备,在 10 km 范围内,其应变测量最高空间分辨率为 1 m,温度和应变分辨率分别为 1 ℃ 和 25 $\mu\varepsilon$,可满足地质与岩土工程的分布式监测要求。

45

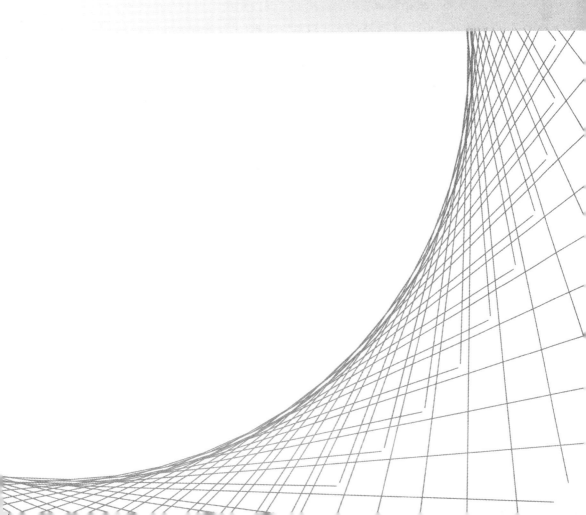

第三章 分布式光纤感测技术性能研究

3.1 FBG 的感测性能

3.1.1 FBG中心波长与应变和温度的关系

光纤光栅利用光纤材料的光敏性,在纤芯内形成折射率的周期变化,其作用相当于在纤芯内形成一个窄带滤波器(透射)或反射镜(反射),使光的传播行为发生改变。描述光纤光栅传输特性的基本参数有反射率、透射率、中心波长、反射带宽和光栅方程等。作为传感元件,光纤光栅的主要优势是检测信息为波长编码的具有四个数量级线性响应的绝对测量和良好的重复性,并且插入损耗低和窄带的波长反射可以实现在一个光纤上的复用,即可以将传感器串联,实现准分布式测量。因此,光纤光栅被视为一种理想的传感材料,通过对中心波长的检测,可以实现对外界参量的传感,如应变、温度、变形、压力和液位等。

FBG 传感器周围应变和温度的改变均能引起布拉格反射光中心波长的改变,波长的漂移量与应变和温度呈线性关系。利用解调设备,通过检测反射光中心波长的漂移量,根据标定的应变灵敏度系数 $1-P_e$ 和温度灵敏度系数 $\alpha+\zeta$,即可实现对结构应变和环境温度的测量。

应变灵敏度系数标定可以在等强度梁上进行。将一枚片式封装的 FBG 传感器粘贴在等强度梁表面,另将一枚电阻应变片粘贴在旁边,通过在梁的端部加砝码使等强度梁产生弯曲变形,利用电阻应变片测量梁的应变,利用解调设备测量 FBG 传感器中心波长的漂移量。应变灵敏度系数标定应在恒定温度条件下进行。图 3.1.1 给出了 FBG 中心波长与电阻应变片应变的关系曲线,线性相关系数为 0.999,其应变灵敏度系数为 1 pm/$\mu\varepsilon$。

温度灵敏度系数的标定可以采用水浴法。试验设计应着重考虑以下两个问题:①不受应变的影响;②温度计测量温度与光栅区实际温度的一致性。温度灵敏度系数标定宜采用最小刻度为 0.1 ℃ 的经检定的高精度水银温度计,量程分别为 0~50 ℃、50~100 ℃。利用可控温恒温箱或水浴箱,在试验过程中分级加热,将温度计及光栅置于烧杯中,并用苯板盖住烧杯,尽可能减少烧杯内水体同外界的热量交换。图 3.1.2 给出了 FBG 中心波长与温度的关系曲线，温度与 FBG 中心波长同样具有良好的线性相关性，温度灵敏度系数约为 10 pm/℃。

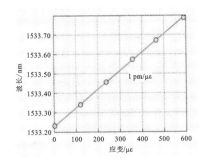

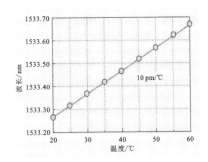

图 3.1.1 FBG 中心波长与应变的 关系曲线

图 3.1.2 FBG 中心波长与温度的 关系曲线

3.1.2 光纤光栅的光敏性

大部分光纤光栅是用掺锗(Ge)石英光纤制成的。石英光纤的光敏性与所掺入的二氧化锗含量密切相关，高浓度掺锗光纤的光敏性更高。在光纤的制作过程中，特定波长的紫外辐射是必不可少的。研究发现掺锗石英光纤对 195 nm、242 nm 和 256 nm 三个紫外波段的辐射具有更高的光敏性。光敏性与紫外激光强度和辐照剂量有关。在 100 mJ/(cm^2 · pulse) 量级的低强度的紫外激光辐照下，折射率随着紫外激光强度和累计辐照剂量单调增加，通常可以得到 $10^{-4} \sim 10^{-3}$ 的折射率变化，在该激光强度范围内获得的光敏性称为 I 型光敏性。此类光栅的温度稳定性较差，擦除温度低于 200 ℃。实际上，I 型光栅的有效工作温度是 $-40 \sim 80$ ℃，可满足大多数传感应用的要求(李川等，2005)。

试验表明，折射率的增长率随辐照剂量的增长而逐渐降低并趋于饱和，继续延长曝光时间还会导致折射率回落。同时，折射率调制也有类似的变化，并在某一累计剂量下周期性调制消失，继续曝光将产生负的折射率变化，新的光谱和反射波长也出现了，这种现象称为 II A 型光敏性，形成的光栅称为 II A 型光栅。该类型光栅具有较好的温度稳定性，其擦除温度高达 500 ℃。因此，II A 型光栅可以用于高温环境中的传感。

当紫外激光强度大于 1000 mJ/（cm² · pulse）时，一个单脉冲就可能产生相当大的折射率改变，这样的光栅称为 II 型光栅。II 型光栅具有较好的温度稳定性，擦除温度高于 800 ℃，可满足恶劣环境中的传感应用要求。

3.1.3　FBG 的稳定性

上述三种类型的光敏性中，II 型是最稳定的，I 型是最不稳定的，IIA 型介于两者之间。虽然试验证明紫外激光导致的折射率改变是永久性的，但是长期稳定性和热稳定性仍然是一个十分重要的问题。研究发现，光纤光栅的长期稳定性可以通过后期工艺提高，如退火和无掩模辐照等。此外，光栅的光敏性也可以通过硼、磷、锡等元素与锗共掺等技术加以提高。载氢敏化已经作为一种简单而有效的敏化方式得到了普遍应用。在载氢敏化光纤中，光致折射率变化可以达到 $10^{-3} \sim 10^{-2}$。

需要注意的是，影响光纤光栅稳定性的因素很多，如环境温度、湿度、化学腐蚀等。研究发现，光纤光栅的中心波长、折射率、反射率会随时间和温度的变化而变化，虽然变化量很小，但也影响传感器的长期稳定性。而利用预先将光纤光栅高温加热退火的办法，可以有效地减小上述影响，大大提高光纤光栅的稳定性。对于疲劳、湿度的影响，试验表明，经过紫外线适当照射及适当高温加热的光纤光栅具有良好的稳定性，在温度不超过 400 ℃ 的环境下，具有良好的传感性能。光纤的主要成分是石英，在强碱性环境下容易受到腐蚀，因此，必须提高光纤保护层的抗腐蚀能力，以确保传感器的耐久性。试验表明，采用高分子材料（如聚四氟乙烯）涂层的光纤布拉格光栅传感器的稳定性较高（张自嘉，2009）。

3.1.4　FBG 温度与应变交叉敏感问题

FBG 对温度和应变是同步敏感的，当光栅用于测量时，仅通过波长的解调，无法分辨出温度和应变分别引起的波长变化。因此，在实际应用中，必须采取措施进行区分或补偿。

当利用 FBG 进行单纯的温度测量时，轴向应变可以完全避免，这时不存在应变和温度的同步敏感问题，而且采用单个光栅即可实现。

当利用 FBG 进行应变测量时，温度变化无法避免。因此，必须解决温度和应变的交叉敏感问题。目前,主要通过两种途径来解决这一问题,即温度补偿方案与应变、温度双参数同步测量方案(张自嘉,2009)。温度补偿的原理是通过某种方式抵消温度扰动引起的光纤光栅中心波长的漂移,使应变测量不受环境温度变化的影响。应变和温度双参数同步测量的原理是利用两个参量共同对应变和温度进行编码,通过联立方程组求解来确定应变和温度。写入的两个光栅的中心波长相差很大,并且表现出不同的应变和温度响应特性,通过测定这两个中心波长的漂移来实现应变和温度双参数同步测量。两个 FBG 中心波长的相对漂移分别为

$$\Delta\lambda_1/\lambda_1 = K_{B1,T}\Delta T + K_{B1,s}\Delta s \tag{3.1.1}$$

$$\Delta\lambda_2/\lambda_2 = K_{B2,T}\Delta T + K_{B2,s}\Delta s \tag{3.1.2}$$

其中,$K_{B,T} = \dfrac{1}{\lambda}\dfrac{\mathrm{d}\lambda}{\mathrm{d}T}$,$K_{B,s} = \dfrac{1}{\lambda}\dfrac{\mathrm{d}\lambda}{\mathrm{d}s}$ 为相对灵敏度,即

$$\begin{bmatrix} \Delta\lambda_1/\lambda_1 \\ \Delta\lambda_2/\lambda_2 \end{bmatrix} = \begin{bmatrix} K_{B1,T} & K_{B1,s} \\ K_{B2,T} & K_{B2,s} \end{bmatrix} \begin{bmatrix} \Delta T \\ \Delta s \end{bmatrix} \tag{3.1.3}$$

但要求 $\begin{bmatrix} K_{B1,T} & K_{B1,s} \\ K_{B2,T} & K_{B2,s} \end{bmatrix} \neq 0$,也就是要求两个光栅的特性不同。

显然,在同一根光纤上写入的不同中心波长的光栅,其应变和温度的相对灵敏度应该是相同的。因此,不能简单地使用两个不同周期的光栅来区分应变和温度引起的中心波长漂移。可以采用以下两种方法解决。

(1)使用两个写入同一根光纤但中心波长不同的光栅,安装时使两个光栅相距较近,可以认为处于相同的温度场中,但其中一个光栅通过封装使其不受应变影响。这样,相当于公式中 $K_{B2,s}=0$,从而实现温度和应变的分离。这种方法也被称为参考光栅法。

(2)将两个不同中心波长的光栅分别粘贴在弹性敏感元件的两侧,当弹性敏感元件发生应变时,一侧是拉应变,另一侧是压应变,两个光栅的应变灵敏度大小相等,但符号相反,而温度灵敏度相同,从而可以利用式(3.1.3)实现温度和应变的分离。有人将这种方法称为外温度补偿法。

此外,可以利用负温度膨胀系数材料对光纤光栅进行温度补偿封装,或者用将光纤布拉格光栅和长周期光纤光栅相结合的方法等实现温度和应变的分离。

3.2 基于瑞利散射的分布式光纤感测性能

3.2.1 主要性能指标

背向瑞利散射光的功率取决于光源的输出功率,输出功率越大,背向散射信号就越强,探测距离越远。因此,通常使用带宽为数十纳米的宽带光源,一方面可以获得更大的测量动态范围,另一方面可以避免窄线宽的高功率激光脉冲在光纤中传输引起的非线性效应对瑞利散射光探测性能的影响。目前,已有很多关于利用瑞利散射进行分布式传感的研究和应用。其中,最为成熟的技术为光时域反射(OTDR)技术,它主要用于沿光纤长度的衰减和损耗的测量。此外,还有相干光时域反射(COTDR)技术、光频域反射(OFDR)技术、偏振光时域反射(POTDR)技术和偏振光频域反射(POFDR)技术等。

作为分布式传感器,OTDR 的主要性能指标有动态范围、空间分辨率和测量盲区等。

1. 动态范围

动态范围是 OTDR 非常重要的一个参数,表明了可以测量的最大光纤损耗信息,直接决定了可测光纤的长度。

2. 空间分辨率

空间分辨率反映了仪器分辨两个相邻事件的能力,影响着定位精度和事件识别的准确性。对 OTDR 而言,空间分辨率通常定义为事件反射峰功率的 $10\%\sim90\%$ 这段曲线对应的距离。理论上,空间分辨率由探测光的脉冲宽度决定。此外,系统的采样率对空间分辨率也有重要影响,只有当采样率足够高,采样点足够密集时,才能获得理论上的空间分辨率。

3. 测量盲区

测量盲区是指高强度反射事件导致 OTDR 的探测器饱和后,探测器从反射事件开始到再次恢复正常读取光信号时所持续的时间,也可表示为 OTDR 能够正常探测两次事件的最小距离间隔。

测量盲区又可进一步分为事件盲区和衰减盲区。事件盲区是指菲涅尔反射发生后,OTDR 可检测到另一个连续反射事件的最短距离。衰减盲区是指菲涅尔反射发生后,OTDR 能精确测量连续非反射事件损耗的最短距离。图 3.2.1 所示为 OTDR 测量盲区示意图,其中,A 表示事件盲区,B 表示衰减盲区。

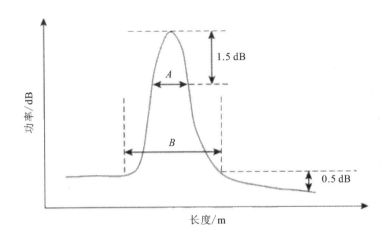

图 3.2.1 OTDR 测量盲区示意图

3.2.2 提高感测性能的途径

1. 增大动态范围的方法

动态范围可通过提升探测光功率来增大。在 EDFA 还未出现时,人们通过脉冲编码方法压缩脉冲,相当于提升了单位脉冲的功率,系统的动态范围提升了 12 dB。自从 EDFA 出现后,探测光的功率可直接得到大大的提升,从而相应地增大动态范围。但由于非线性效应,比如受激布里渊散射和相位调制等的制约,注入光纤的探测光的功率存在极限。对于 COTDR 系统,曾采用拉曼放大技术增大其动态范围。试验表明,波长为 1.6 μm 时,利用拉曼放大技术,动态范围增大了 11.5 dB,空间分辨率为 5 m(Sato et al., 1992)。

2.提高空间分辨率的方法

理论上,空间分辨率由探测光脉冲宽度决定。但由于系统中存在探测器噪声、相干瑞利噪声、偏振噪声等多种噪声,探测曲线会出现比较大的波动,这种波动可能掩盖事件,从而造成短距离上事件的识别困难,进而使系统难以达到理论上的空间分辨率。因此,降噪技术对于提升系统空间分辨率具有至关重要的意义。

3.减少测量时间的方法

对于超长距离海底光缆的监测,COTDR 系统完成一次完整的监测任务所需的时间是一个很重要的参数。Sumida(1995)提出了一种基于频移键控调制的连续光探测技术。它通过调节分布式反馈半导体激光器,使其在不同时刻输出不同频率的持续时间为 t 的探测光,该方法可称为频率脉冲法。不同时刻的频率脉冲对应的 COTDR 曲线具有相对的时间延迟,对这些探测曲线进行时序对齐后叠加再平均就得到一条更加平滑、信噪比更高的探测曲线,从而提升系统的性能。但是该方法也存在光电信号处理电路结构复杂、动态范围相对较低等缺陷。

3.3 基于拉曼散射的分布式光纤感测性能

3.3.1 主要性能指标

1.测温精度

测温精度本质上取决于系统的信噪比。系统的信号由探测激光器的脉冲光子能量决定,与脉冲宽度、峰值功率有关;系统的噪声主要与随机噪声,光电接收器雪崩二极管的噪声,前置放大器的带宽、噪声,信号采集与处理系统的带宽、噪声有关。增加入射光纤的激光功率受到光纤产生非线性效应的阈值限制,在不影响系统空间分辨率的前提下,适当地控制系统带宽,也可抑制系统的噪声,提高测温精度(张旭苹,2013)。

2. 空间分辨率和采样分辨率

空间分辨率通常用最小感温长度来表征,可通过试验标定。将待测光纤置于室温 20 ℃环境下,在待测光纤某一距离(如 2 km)处取出一段光纤(如长度 3 m)放在 60 ℃的恒温槽中,得到测温光纤的温度响应曲线,将温度变化由 10%升到 90%所对应的响应距离称为系统的空间分辨率,如图 3.3.1 所示。与响应距离相对应的是最短温度变化距离,如图 3.3.2 所示。系统的空间分辨率主要取决于脉冲激光器的带宽、光电接收器的响应时间、放大器(主要是前置放大器)的带宽和信号采集系统的带宽。系统的采样分辨率由信号采集与处理系统的 A/D 采样速率决定。

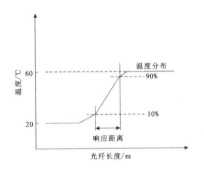

图 3.3.1　分布式光纤拉曼温度
传感器的空间分辨率

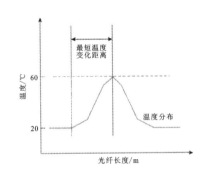

图 3.3.2　分布式光纤拉曼温度传感器的
最短温度变化距离

3. 测量时间和采样次数

由于信号是有序的,噪声是随机的,因此可以采用多次采样、累加的办法提高信噪比。信噪比的改善与累加次数的均方根成正比。随着累加次数的增加,测量的时间也随之变长。系统的实际测量时间主要由信号的采集速度、累加系统和计算机的传输速度决定。

4. 量程

在系统的信噪比确定后,量程与系统所选用的光谱波段、光纤的种类有关。通常,系统的信噪比与光纤的损耗决定了分布式光纤拉曼温度传感器的可测温长度。

3.3.2　提高感测性能的途径

信号采集与处理系统的优劣对光纤拉曼温度传感器的性能有很大的影响,具体体现在测温精度、空间分辨率和测量时间这三个指标上。

1.提高测温精度的方法

受系统噪声等干扰因素的影响,即使保持测点的温度不变,测量结果之间也会有一定的偏差。如前所述,该指标主要是由测量系统的信噪比决定的。信噪比的改善与累加次数的均方根成正比,这时,测温精度和测量时间与采样累加次数密切相关(李伟良,2008)。也可以根据系统的特点,采用其他方法,如控制带宽等,抑制系统的噪声。

2.提高空间分辨率的方法

对于分布式光纤温度传感系统,空间分辨率受到光脉冲的宽度、光电检测器的响应速度、信号调制的带宽等诸多因素的影响,空间分辨率是整个系统的重要技术指标。要提高空间分辨率,必须压缩探测激光脉宽,这必然会降低脉冲泵浦激光的强度,也会减弱光纤的背向拉曼散射信号,降低系统的信噪比。

3.减少测量时间的方法

测量时间也称为时间分辨率,是指测量系统对全部传感光纤完成满足测温精度的测量所需要的时间。目前,多数实用的分布式光纤温度传感系统均采用多次累加的方法来提高信噪比,测量时间取决于累加次数。

3.4　基于布里渊散射的分布式光纤感测性能

3.4.1　基本性能指标

基于布里渊散射的全分布式光纤感测技术是通过检测光纤中的布里渊散射光的频移量,得到光纤的应变或者温度分布,常见的技术有布里渊光时域反射(BOTDR)技术、布里渊光时域分析(BOTDA)技术、布里渊光频域分析(BOFDA)技术等。表征基于布里渊散射的全分布式光纤感测系统的指标主要有空间分辨率、测量精度、动态范围和空间定位精度等。

1.空间分辨率

基于布里渊散射的全分布式光纤感测系统将 OTDR 技术和相干自外差光谱探测技术相结合,能够有效地探测布里渊背向散射光沿光纤的分布,实现分布式应变和温度的测量。空间分辨率是时域技术的一个重要概念,是指仪器所能分辨的两个相邻事件点间的最短距离。因此,基于布里渊散射的全分布式光纤感测技术的空间分辨率与 OTDR 技术相同,取决于入射光的脉冲宽度。

2.测量精度

布里渊散射是入射光与介质的声学声子相互作用而产生的一种非弹性光散射现象。声子在光纤介质中衰减,所以布里渊散射谱具有一定的宽度,并且呈洛伦兹曲线形式,见式(2.4.9)。当布里渊散射光沿光纤返回并进入信号检测和处理系统后,通过对布里渊散射信号进行洛伦兹拟合,便可以得到布里渊散射光的峰值频率。但光纤中的布里渊散射光非常微弱,虽然可以通过直接探测法,如法布里-珀罗干涉仪、马赫-曾德尔干涉仪等提取布里渊散射信号,但会带来较大的损耗,大大限制了可探测的最低自发布里渊散射的光功率,而且直接探测法很容易受到外界环境的影响,稳定性较差。目前,主要采用相干探测法来提高系统的信噪比。

相干探测法主要有双光源相干探测方法和单光源自外差相干探测方法。在双光源相干探测方法中,两个光源本身不稳定会造成相干探测输出的信号不稳定,从而导致测量误差较大。而单光源自外差相干探测方法中,探测光和本地参考光为同一光源,该方法不仅可以将太赫兹量级的布里渊高频信号降至易于探测和处理的百兆赫兹的中频信号,而且可以提高自发布里渊散射谱的探测精度。为了提高信号检测的信噪比,在布里渊谱的每个频率点进行测量时,都要做上千次,甚至数万次的累加平均。

在基于单光源自外差相干探测的系统中,通常采用 1550 nm 波段的激光作为相干检测的参考光,其与布里渊散射信号的频差约为 11 GHz,这就

57

需要带宽大于 11 GHz 的光电探测器进行探测。然而，随着探测器带宽的增加，探测器的等效噪声功率也会增加，这样会造成系统测量精度的降低，而且系统成本会增加。为了避免使用宽带探测器，常常要对本地参考光或探测光进行移频，降低单光源自外差探测时输出的差频信号的频率。

布里渊频移的测量精度由所测得的布里渊谱的信噪比和半高宽（FWHM）决定。

$$\delta_v = \frac{\tau_B}{\sqrt{2}\,(SNR)^{\frac{1}{4}}} \tag{3.4.1}$$

式中，τ_B 为布里渊谱和光脉冲谱卷积所得谱的谱宽，SNR 为测得的电信号的信噪比。

3. 动态范围

动态范围为初始布里渊背向散射光功率和噪声功率之差，单位为 dB。动态范围直接决定了可测光纤的长度。

4. 空间定位精度

光时域反射（OTDR）技术是实现分布式光纤传感的关键技术。脉冲光注入光纤后，光子与光纤中的粒子会发生弹性和非弹性碰撞，与脉冲光传播相反的方向就会出现背向散射光，通过测定该散射光的回波时间就可确定散射点的位置。

光纤上任意一点至脉冲光入射端的距离由式(3.4.2)计算得到

$$z = c\Delta t/(2n) \tag{3.4.2}$$

式中，c 是真空中的光速，n 是光纤的折射率，Δt 是 OTDR 发出脉冲光与接收到散射光的时间间隔。

对于基于布里渊光时域反射的分布式光纤传感技术，事件点的空间定位精度 δ（单位：m）取决于测量长度 L 和空间采样间隔 d_s

$$\delta = \pm(2.0 \times 10^{-5}L + 0.2 + 2d_s) \tag{3.4.3}$$

3.4.2 提高感测性能的方法

动态范围和空间分辨率是分布式光纤传感系统的两个重要性能指标，也是基于布里渊散射的光纤传感技术的重要研究方向。目前，用于提高动态范围的方法有探测光脉冲编码技术、拉曼放大技术和多波长技术（张旭苹，2013）。

BOTDR 的空间分辨率取决于入射光的脉冲宽度，进一步减小入射光的脉冲宽度是提高 BOTDR 空间分辨率最直接的方法。但是，当传感系统的探测光脉冲宽度与声子寿命相当或者小于声子寿命（约 10 ns）时，布里渊散射谱会发生严重的展宽，造成正确提取布里渊频移的难度增大，系统的应变测量精度大幅度下降。当探测光脉冲宽度为 10 ns 时，BOTDR 系统的空间分辨率极限为 1 m。为了进一步提高空间分辨率，人们提出了双脉冲方法、布里渊光相干域反射（BOCDR）技术和布里渊谱分析法等。

1. 双脉冲方法

Koyamada 等（2007）提出了一种突破 1 m 空间分辨率的双脉冲方法，该方法的原理为：当两个脉冲之间的时间间隔小于某一数值（小于声子寿命）时，它们与同一个声波场发生作用，产生相干的自发布里渊散射，两个脉冲的自发布里渊散射光产生共振，其布里渊谱峰值更加容易测量，这样可以提高布里渊频移的测量精度。试验发送的双脉冲宽度均为 2 ns，间隔为 5 ns，系统得到了 20 cm 的空间分辨率与 3 MHz 的频移测量精度。

2. BOCDR 技术

鉴于声子寿命对 BOTDR 系统空间分辨率的限制，Mizuno 等（2008）提出了一种基于连续光的 BOCDR 技术，可以实现在 100 m 的传感光纤上获得 40 cm 的空间分辨率。

该系统的空间分辨率 δ_z 和测量范围 d_m（两相邻相关峰之间的距离）由下列两式确定

$$\delta_z = \frac{v_g \Delta v_B}{2\pi f_{max} f_s} \tag{3.4.4}$$

$$d_m = \frac{v_g}{2 f_s} \tag{3.4.5}$$

式中，v_g 为光纤中光的群速度，Δv_B 为布里渊频移变化量，f_{max} 为已调光源的最大频率（一般要求 $2f_{max} < v_B$，其中 v_B 为布里渊频移），f_s 为正弦调制频率。

3. 布里渊谱分析法

布里渊谱分析法通过将布里渊谱看作若干个在空间分辨率长度上不同

59

位置的细分布里渊谱的叠加,对其进行分解来求得单个细分布里渊谱的中心频率,进而提高空间分辨率。

假设光纤沿线的布里渊频移一致,则光纤中产生的布里渊谱可以用式(2.4.9)来描述。若光纤沿线的布里渊频移由于应变的关系而发生变化,则此时得到的布里渊谱为

$$g_B(v,z) = \frac{1}{\delta_z} \int_{z-\delta_z/2}^{z+\delta_z/2} g_B[v, v_B(y)] dy \qquad (3.4.6)$$

式中,δ_z 为空间分辨率。若将脉冲光对应的空间分辨率长度细分为 $2m$ 段,则每一段长度为 $\delta_z/(2m)$,则式(3.4.6)可以变换为

$$\overline{g_B}(v,z) = \sum_{k=-m}^{m} a_k g_B[\Delta v, v_B(z_k)] \qquad (3.4.7)$$

式中,z 表示光纤沿线的位置。最后可以根据光纤中已知布里渊频移的位置来逐步递推出光纤中 $\delta_z/(2m)$ 长的光纤上的布里渊频移。布里渊散射光谱的特性详见 3.4.3 节。

实际上,Brown 等(1999)率先在 BOTDA 测量系统中提出了在不减小脉冲宽度的前提下提高空间分辨率的方法。他们发现当脉冲宽度内包含两段应变时,测量系统得到的布里渊散射光谱将会出现两条布里渊谱线。如果两段应变相差较大,系统可以分辨出每条布里渊谱线的频移,但如果相差很小,两条谱线会重合在一起,无法分辨。此时,如果仍然使用洛伦兹函数拟合实测的布里渊散射光谱,就不是很合适。他们提出使用双拟 Voigt (double pseudo Voigt)函数进行拟合,如式(3.4.8)所示。

$$\begin{aligned} f(x) = a_0 & \left\{ c_0 \frac{1}{1 + \frac{4(x-x_0)^2}{b_0^2}} + (1-c_0) e^{-2\left[(x-x_0)^2/b_0^2\right]} \right\} \\ & + a_1 \left\{ c_1 \frac{1}{1 + \frac{4(x-x_1)^2}{b_1^2}} + (1-c_1) e^{-2\left[(x-x_1)^2/b_1^2\right]} \right\} \end{aligned}$$

$$(3.4.8)$$

式中,a_0 和 a_1 是高度系数;b_0 和 b_1 是谱线的线宽(FWHM);c_0 和 c_1 是曲线形态参数,介于 0 和 1 之间;x_0 和 x_1 是布里渊频移。之所以选择双拟 Voigt 函数,是因为实测的布里渊散射光谱的形态介于高斯曲线和洛伦兹曲线之间。

试验表明:当入射的脉冲光为 10 ns 时,可以实现 0.5 m 的空间分辨率,

应变测量精度为 20 $\mu\varepsilon$;当入射的脉冲光为 5 ns 时,可以实现 0.25 m 的空间分辨率,应变测量精度为 40 $\mu\varepsilon$。但是,在使用该方法时要注意以下两点:一是每段光纤的变形应是均匀的,并且长度要一致;二是如果相邻两段光纤的应变差别不是很大,即两条布里渊谱线非常接近,系统的应变测量精度将会显著降低。

此外,Nitta 等(2002)采用一定的办法使空间分辨率内的光纤产生两段大小不同的应变,当这两段应变的差值足够大时,实测的布里渊散射光会出现两个波峰,而这两个波峰所对应的峰值频率可以分别近似地看作两段光纤的实际布里渊频移。这样,在实际布设光纤的时候,只需将光纤施加一定的预应变,然后分段粘贴在结构物上,测量的时候只要关注布里渊谱线上频率较大的波峰所对应的布里渊频移,就可以得到待测结构的应变变化。如果粘贴的长度正好是空间分辨率的一半,就可以很精确地实现布里渊散射光谱的分离,达到提高空间分辨率的目的。此外,由于空间分辨率内既包含应变段光纤,也包含自由段光纤,温度变化对它们的影响是相同的,所以该方法还可以避免由温度变化引起的测量误差。但是,该方法也存在一定的缺陷:由原本的分布式光纤传感系统变成一个多点传感系统,另外,该方法会使光纤的布设工艺变得很复杂,光纤的应变量也难以控制。

Yasue 等(2000)也从光纤的布设方式着手,提出了提高 BOTDR 空间分辨率的方法。他们采用 S 形方式粘贴传感光纤,粘贴段长度为 340 mm,弯曲的自由段光纤的长度为 80 mm。拉伸试验表明:施加的荷载和实测的应变之间具有很好的线性关系。可见,将其用于长度小于 BOTDR 空间分辨率的变形区域的测量是可行的,只需要对实测的光纤应变适当加以修正即可。

以上几种方法各有优缺点,如 Brown 等提出的方法,当两段应变相差不大时,系统的测量精度就会下降;Nitta 等提出的方法则适用于应变较大的情况;Yasue 等提出的方法和 Nitta 等提出的方法,需要采用特殊的光纤布设方式,这给 BOTDR 在实际工程中的应用造成了一定的困难,同时,也会造成光纤线路光损过大,影响 BOTDR 的测量长度和测量精度。另外,实际工程中出现损伤和应变异常的位置通常是难以预先确定的,变形状态也是难以预料的,而上述几种方法对光纤的布设方式或者对光纤的变形状态都有一定的要求,因此,直接应用上述几种方法提高 BOTDR 的空间分辨率有时是比较困难的。

3.4.3 布里渊散射光谱特性分析

当光纤产生均匀分布式应变时,布里渊背向散射光谱在理论上呈洛伦兹型。通过对实测的布里渊散射光谱按洛伦兹函数进行拟合,就可以得到谱线的峰值频率,进而得到光纤的应变。但是,由于生产加工或者布设等原因,光纤的应变分布通常是不均匀的,这样,实测的布里渊散射光谱实际上是由多个峰值频率不同、呈洛伦兹型的布里渊增益谱叠加后形成的谱线,叠加后的谱线不再呈洛伦兹型。Brown 等(1999)和 Naruse 等(2003)的研究已经证明了这一点。另外,如果空间分辨率内的应变量差别较大,实测的布里渊谱线还可能会出现两个或多个波峰。此时,如果仍然按照洛伦兹函数对实测的布里渊增益谱进行拟合,得到的应变自然无法反映光纤的真实应变状态。分布式光纤传感系统一般会自动拟合峰值较高的波峰所对应的频率作为计算光纤应变的布里渊频移,但在某些情况下,按照这种方法得到的应变并不能反映光纤的真实应变,如图 3.4.1 所示。

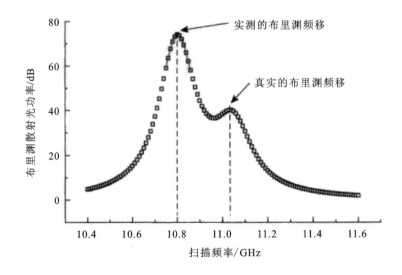

图 3.4.1 双峰布里渊谱线的拟合

为解决这一问题,我们首先分析一种简单的情况:光纤变形段的长度小于 BOTDR 的空间分辨率,也就是说,空间分辨率长度内只有部分光纤发生应变。这时,实测的布里渊散射光谱实际上是由自由段光纤的布里渊散射光谱和应变段光纤的布里渊散射光谱组成的。实测的布里渊谱线的形态特征主要受应变段的长度及其应变量控制,对不同形态的布里渊散射谱线进行拟合得到的光纤应变是不同的(Zhang et al.,2009)。对布里渊散射光谱的分析建立在以下几个假设的基础上。

(1)光纤中的布里渊散射光不存在相位相关,即布里渊散射光谱的叠加原理成立。

(2)忽略温度和应变对布里渊散射光功率的影响。

(3)忽略布里渊散射光谱线宽度(FWHM)的变化。

(4)布里渊背向散射光谱的频移与光纤的应变线性相关。

(5)空间分辨率内,变形段光纤的散射光的强度与变形段的长度成正比。

(6)变形段光纤的应变均匀分布。

g_{B1} 和 g_{B2} 分别是空间分辨率内自由段光纤的布里渊散射光谱和应变段光纤的布里渊散射光谱,可以表示为

$$g_{B1}\left[v,v_B(0)\right]=\frac{g_0\left(\Delta v_B/2\right)^2}{\left[v-v_B(0)\right]^2+\left(\Delta v_B/2\right)^2}(1-r) \qquad (3.4.9)$$

$$g_{B2}\left[v,v_B(0)+\Delta v(\varepsilon)\right]=\frac{g_0\left(\Delta v_B/2\right)^2}{\left[v-v_B(0)-\Delta v(\varepsilon)\right]^2+\left(\Delta v_B/2\right)^2}r$$

$$(3.4.10)$$

式中,r 为空间分辨率内应变段光纤的变形长度系数,是空间分辨率内应变段光纤的长度与空间分辨率之比;$\Delta v(\varepsilon)$ 为应变段光纤的布里渊频移。

按照叠加原理,实测的布里渊散射光谱为 g_{B1}、g_{B2} 之和,如式(3.4.11)所示

$$\begin{aligned}g_B&=g_{B1}\left[v,v_B(0)\right]+g_{B2}\left[v,v_B(0)+\Delta v(\varepsilon)\right]\\&=\frac{g_0\left(\Delta v_B/2\right)^2}{\left[v-v_B(0)\right]^2+\left(\Delta v_B/2\right)^2}(1-r)+\frac{g_0\left(\Delta v_B/2\right)^2}{\left[v-v_B(0)-\Delta v(\varepsilon)\right]^2+\left(\Delta v_B/2\right)^2}r\\&=g_0\left(\Delta v_B/2\right)^2\left\{\frac{1-r}{\left[v-v_B(0)\right]^2+\left(\Delta v_B/2\right)^2}+\frac{r}{\left[v-v_B(0)-\Delta v(\varepsilon)\right]^2+\left(\Delta v_B/2\right)^2}\right\}\end{aligned}$$

$$(3.4.11)$$

式(3.4.11)所示的叠加光谱的波峰位置可以通过求解式(3.4.12)得到

$$\frac{\mathrm{d}g_B}{\mathrm{d}v}=0 \qquad (3.4.12)$$

即

$$\frac{-(1-r)[v-v_B(0)]}{\{[v-v_B(0)]^2+(\Delta v_B/2)^2\}^2}+\frac{-r[v-v_B(0)-\Delta v(\varepsilon)]}{\{[v-v_B(0)-\Delta v(\varepsilon)]^2+(\Delta v_B/2)^2\}^2}=0$$

$$(3.4.13)$$

设 $[v-v_B(0)]=x$，$(\Delta v_B/2)^2=a^2$，$\Delta v(\varepsilon)=b$，则式(3.4.13)可以表示为

$$\frac{-(1-r)x}{(x^2+a^2)^2}+\frac{-r(x-b)}{[(x-b)^2+a^2]^2}=0 \qquad (3.4.14)$$

化简后，得

$$Ax^5+Bx^4+Cx^3+Dx^2+Ex+F=0 \qquad (3.4.15)$$

其中

$$\begin{cases} A=-1 \\ B=-3rb+4b \\ C=6rb^2-6b^2-2a^2 \\ D=-4rb^3-2rba^2+4b^3+4ba^2 \\ E=2ra^2b^2+rb^4-a^4-2a^2b^2-b^4 \\ F=ra^4b \end{cases} \qquad (3.4.16)$$

当空间分辨率内应变段光纤的应变较小时，叠加后的布里渊散射光谱呈现单峰，式(3.4.15)只有一个实数根；而当空间分辨率内应变段光纤的应变较大时，布里渊散射光谱会出现两个峰值，式(3.4.15)将有三个实数根，其中，最大的实数根可以近似地反映变形段光纤的真实应变。

这里将 $r=0.5$ 时，使叠加后的布里渊散射光谱出现两个峰值的光纤应变作为区分大应变与小应变的临界值。当布里渊散射光谱出现两个峰值时，光纤的应变为大应变，否则，为小应变。研究发现：大应变与小应变的临界值与布里渊散射光谱的半高宽(FWHM)有很好的线性关系，如图3.4.2所示。

图3.4.3所示为当 $r=0.4$，即空间分辨率内变形段光纤的长度占40%时，随着变形段光纤应变量的增加，布里渊散射光谱的形态变化。这里，对频率、散射光功率以及光纤应变均做了规格化处理。图3.4.3所示的布里渊散射光谱实际上是空间分辨率内自由段光纤的散射光谱与变形段光纤的散射光谱的叠加。可见，随着光纤应变的增大，叠加后的布里渊谱线变宽，呈不对称分布，并且不再满足洛伦兹函数。

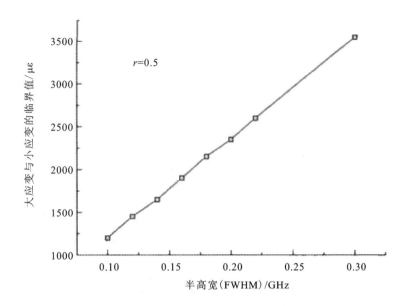

图 3.4.2　布里渊谱线半高宽与大、小应变的临界值之间的线性关系

当光纤应变进一步增大时,谱线出现两个波峰,峰值频率较小的波峰近似于无应变光纤的布里渊散射光谱;峰值频率较大的波峰近似于应变段光纤的布里渊散射光谱,由它可以近似得到光纤的应变。但是,对于 BOTDR 系统而言,通常是取功率较高的波峰作为计算光纤应变的依据。很显然,如果仍取峰值功率以下 3 dB 范围内的数据点,使用最小二乘法按洛伦兹函数进行拟合,得到的谱线的峰值频率不能正确地反映光纤的真实应变,特别是当光纤的应变较大时。

图 3.4.4 反映了 r 分别为 0.1、0.2、0.3 和 0.4 时,由叠加后的布里渊散射光谱计算得到的应变偏离光纤真实应变的程度。由图可见,随着应变段光纤的长度在空间分辨率内所占的比例的增大,由叠加后的布里渊散射光谱得到的应变逐渐趋近于光纤的真实应变,但与光纤的真实应变仍存在着很大的差异。当应变较小时,由叠加后的布里渊散射光谱得到的应变与光纤的真实应变之间存在线性关系,随着光纤应变的增大,应变段光纤的布里渊散射光谱对叠加后的散射光谱的影响逐渐减小,由叠加后的散射光谱得到的应变逐渐减小,并趋近于自由光纤的布里渊散射光谱。

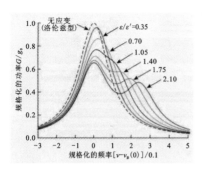

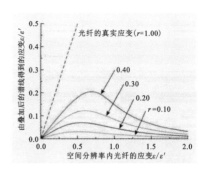

图 3.4.3　光纤应变对布里渊散射
　　　　光谱形态的影响($r＝0.4$)

图 3.4.4　计算应变与真实应变的关系
　　　　($r＝0.1,0.2,0.3,0.4$)

图 3.4.5 所示为 $r＝0.5$，即空间分辨率内应变段光纤的长度占 50％时，布里渊谱线的形态随光纤应变的变化。由于空间分辨率内自由段光纤的长度与应变段光纤的长度相等，它们对叠加后的散射光谱的贡献相同，谱线仍然呈对称分布，并且随着光纤应变的增大，谱线出现两个峰值功率相同的波峰。通过对峰值频率较大的波峰进行拟合可以近似得到光纤的应变。

图 3.4.6 所示为 $r＝0.5$ 时由叠加后的布里渊散射光谱计算得到的应变与光纤真实应变的关系。当光纤发生小应变时，叠加后的布里渊散射光谱呈现单一波峰，由该光谱得到的应变与光纤的真实应变之间具有很好的线性关系，由此可以推算出光纤的真实应变。而当光纤发生大应变时，叠加后的谱线出现两个波峰。随着光纤应变的增大，由峰值频率较大的波峰计算得到的应变逐渐趋近于光纤的真实应变，如图 3.4.6 中的分支 A 所示。而由峰值频率较小的波峰计算得到的应变则逐渐趋近于零，如图 3.4.6 中的分支 B 所示。

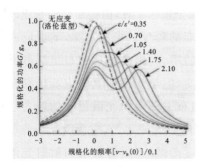

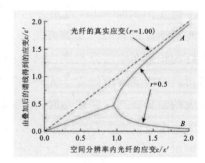

图 3.4.5　光纤应变对布里渊散射
　　　　光谱形态的影响($r＝0.5$)

图 3.4.6　计算应变与真实应变的
　　　　关系($r＝0.5$)

　　图 3.4.7 所示为 $r=0.6$，即空间分辨率内变形段光纤的长度占 60% 时，布里渊谱线的形态随光纤应变的变化。与图 3.4.3 相同的是，叠加后的布里渊谱线变宽，呈不对称分布，并且不再满足洛伦兹函数；不同的是，峰值频率较高的波峰的功率较大，由此得到的应变可以近似反映光纤的应变。

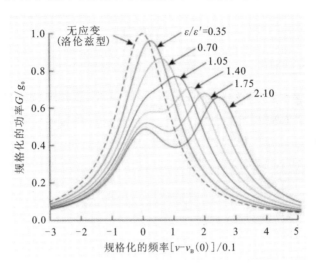

图 3.4.7　光纤应变对布里渊散射光谱形态的影响($r=0.6$)

　　图 3.4.8 反映了 r 分别为 0.6、0.7、0.8 和 0.9 时，由叠加后的布里渊散射光谱计算得到的应变偏离光纤真实应变的程度。由图可见，当光纤的应变很小或者很大时，由叠加后的布里渊散射光谱计算得到的应变比较接近光纤的真实应变。另外，随着 r 的增大，由叠加后的布里渊散射光谱计算得到的应变越来越接近光纤的真实应变。

　　由图 3.4.9 所示的叠加谱线的布里渊频移与 r 的关系可以清楚地看到，当 ε/ε' 小于 0.4 时，布里渊频移与 r 之间存在很好的线性关系；而当 ε/ε' 大于 0.4 时，叠加谱线的布里渊频移与 r 之间就不再具有线性关系，并且随着光纤应变的增大，非线性的程度越来越大。

　　图 3.4.10 所示为光纤发生大应变时，叠加谱线的布里渊频移与 r 的关系。当 r 大于 0.5 时，光纤的应变越大，由叠加后的谱线直接得到的应变越趋近于光纤的真实应变。当 r 小于 0.5 时，尽管布里渊谱线出现两个波峰，但由于自由段光纤的峰值功率较高，拟合得到的峰值频率实际上是受应变段影响的自由段光纤的布里渊频移。

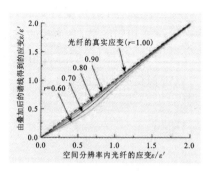

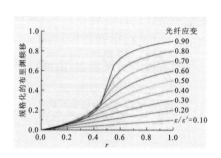

图 3.4.8　计算应变与真实应变的关系　　**图 3.4.9　叠加谱线的布里渊频移与 r 的**
**　　　　　（$r=0.6,0.7,0.8,0.9$）**　　　　　　　**关系（光纤发生小应变）**

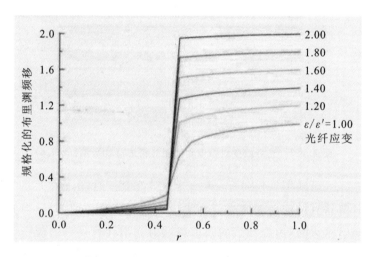

图 3.4.10　叠加谱线的布里渊频移与 r 的关系（光纤发生大应变）

从以上的分析，可以得到以下几点认识。

（1）如果光纤的变形长度小于 BOTDR 的空间分辨率，则实测的布里渊散射光谱是空间分辨率内自由段光纤与应变段光纤的布里渊散射光谱的叠加。

（2）叠加后的谱线形态主要受光纤的应变和变形长度系数 r 的影响，光纤的应变决定了谱线的漂移程度，r 决定了自由段光纤和应变段光纤的散射光谱在叠加谱线中的能量的分配。

（3）当光纤发生小应变时，由叠加后的谱线可以近似得到光纤的真实应变。

(4)当光纤发生大应变,并且 r 大于 0.5 时,由叠加后的谱线可以直接得到光纤的真实应变。

3.4.4 提高空间分辨率的频谱分解法

如式(3.4.11)所示,叠加后的实测布里渊散射光谱可以表示为空间分辨率内自由段光纤的布里渊散射光谱和应变段光纤的布里渊散射光谱的线性叠加,这里将其改写为如下形式:

$$g_c(v) = (1-r)g_f(v) + rg_s(v) \qquad (3.4.17)$$

式中,$g_c(v)$ 是当空间分辨率内的部分光纤发生均匀变形时的实测布里渊散射光谱;$g_f(v)$ 是自由段光纤的布里渊散射光谱;$g_s(v)$ 是应变段光纤的布里渊散射光谱,应变段的长度小于 BOTDR 的空间分辨率;v 为扫描频率;r 为空间分辨率内应变段光纤的变形长度系数。$g_s(v)$ 可以表示为

$$g_s(v) = \frac{g_c(v) - (1-r)g_f(v)}{r} \qquad (3.4.18)$$

理论上,$g_c(v)$、$g_f(v)$ 和 $g_s(v)$ 均符合洛伦兹函数。式中的 $g_c(v)$ 和 $g_f(v)$ 可由 BOTDR 获得,为已知量。因此,只要能够确定系数 r,就可以得到应变段光纤对应的布里渊散射光谱。

Horiguchi 等(1989)曾指出当光纤发生不均匀应变时,布里渊散射光谱的谱线宽度(FWHM)会增大。本书的试验也证实了这一点。试验发现当空间分辨率内应变段的长度和无应变段的长度近似相等时,布里渊散射光谱的谱线宽度最大。因此,通过分析布里渊的谱线宽度可以比较准确地得到发生均匀应变的光纤段的长度及其在光纤上的位置,进而可以推算出光纤上各个采样点的变形长度系数。

假设某段光纤发生均匀应变,如图 3.4.11 中 AB 段所示。该段光纤典型的布里渊谱线宽度分布如图中的方块线所示,各个采样点所对应的空间长度(即空间分辨率)及其系数 r 也示于图 3.4.11 中。可见,当空间分辨率内应变段光纤的长度和自由段光纤的长度大致相等时,即系数 r 近似为 0.5 时,布里渊谱线宽度出现峰值,如图 3.4.11 中的采样点 e 和采样点 j 所示,而 e 点和 j 点恰好分别与应变段的端点 A 和端点 B 相对应。因此,通过拾取布里渊谱线宽度的峰值可以确定发生均匀应变的光纤长度及其在整个传感光纤上的位置,进而可以确定变形段前后各个采样点的 r 值;然后由式(3.4.18)

计算出空间分辨率内应变段光纤的布里渊散射光谱 $g_s(v)$，通过对其按洛伦兹函数进行拟合得到该变形段光纤的布里渊频移；最后将其代入式(2.4.12)计算出该变形段光纤的真实应变(Zhang et al. ,2004)。

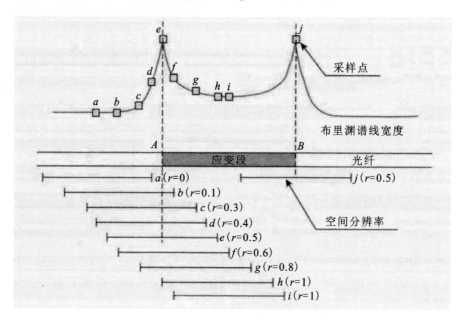

图 3.4.11　系数 r 的确定

为了验证上述方法的可行性，使一段长 0.6 m 的光纤产生 1750 $\mu\varepsilon$ 的拉应变，BOTDR 入射的脉冲光为 10 ns，相应的空间分辨率为 1 m，实测的应变分布曲线和布里渊谱线宽度分布曲线如图 3.4.12 所示。

光纤的变形长度小于 BOTDR 的空间分辨率，造成了实测应变要小于光纤的真实应变，如应变分布曲线上的峰值点 d 的应变为 1048 $\mu\varepsilon$，而光纤的真实应变为 1750 $\mu\varepsilon$。在图 3.4.12 中的谱线宽度分布曲线上，峰值点 A 与 B 之间的距离为 0.6 m，与光纤变形段的长度相等。大量的试验表明：当光纤变形段的长度大于 0.5 m 时，通过读取布里渊谱线宽度分布曲线两峰值点之间的间距可以得到光纤变形段的长度及其在光纤上的位置，进而可以计算出应变段附近各个采样点的变形长度系数 r，在此基础上可以计算出变形段光纤的真实应变。表 3.4.1 列出了采样点 a、b、c 和 d 的变形长度系数，以及各个采样点所对应的实测应变和真实应变。

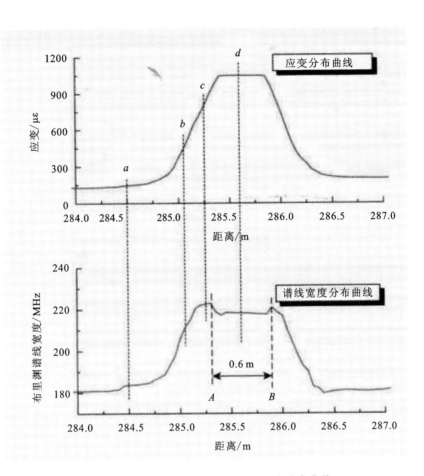

图 3.4.12　光纤应变与布里渊谱线宽度分布曲线

表 3.4.1　不同采样点的 r 值及其频谱分解前后的应变

采样点	r（空间分辨率内应变段光纤长度所占的比例）	真实应变 $/\mu\varepsilon$	实测应变 $/\mu\varepsilon$	由频谱分解计算得到的应变段光纤的应变 $/\mu\varepsilon$
a	0	1750	145	—
b	25%	1750	447	1904
c	45%	1750	795	1813
d	60%	1750	1048	1712

　　由表 3.4.1 可以看出，从 b 点到 d 点，随着系数 r 的增大，BOTDR 的实测应变逐渐增大，但仍然小于光纤的真实应变。根据各个采样点的系数 r，

对各个采样点的实测布里渊散射光谱进行频谱分解,可以得到变形段光纤的应变。随着 r 的增大,由分解后的散射光谱得到的光纤应变更趋近于光纤的真实应变。

图 3.4.13 是采样点 a、b、c 和 d 的实测布里渊散射光谱。谱线 a 是自由光纤($r=0$)的实测布里渊散射光谱,虽然谱线 b、c 和 d 相对于谱线 a 发生了不同程度的漂移,但是这些实测的布里渊散射光谱既包含了应变段光纤的频谱信息,也包含了自由段光纤的频谱信息,是两个谱线的叠加。因此,直接由谱线 b、c 和 d 计算得到的应变并不能反映光纤的真实应变状态。

通过频谱分解的方法,我们可以从实测的布里渊散射光谱中将应变段光纤的谱线提取出来,分解后的布里渊散射光谱如图 3.4.14 所示。可见,分解后的 b、c 和 d 三条谱线具有很好的一致性,由它们计算出来的应变列于表 3.4.1 中。对于采样点 b 而言,由于 r 值较小($r=0.25$),包含于实测布里渊散射光谱内的应变段光纤的频谱信息较少,造成了分解后的布里渊谱线的信号较差,由此计算得到的应变与光纤的真实应变的误差也就相对较大。试验表明,当变形长度系数 r 大于 0.4,即在空间分辨率范围内发生应变的光纤长度所占比例大于 40% 时,使用频谱分解法基本上能够得到光纤应变的真实分布和大小,从而达到提高 BOTDR 的空间分辨率的目的。

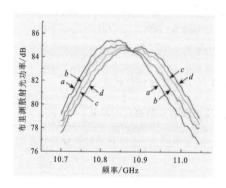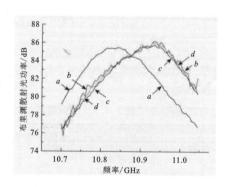

图 3.4.13　实测的布里渊散射光谱　　图 3.4.14　频谱分解后的布里渊散射光谱

上述分析假设光纤只发生了均匀应变,即空间分辨率内的光纤最多只会出现三种状态:均为自由光纤,无应变;发生均匀应变;部分光纤自由,部分光纤发生均匀应变。如果部分光纤自由,虽然光纤上的应变是不均匀的,即光纤的应变是逐点不同的,此时,应用频谱分解的方法仍然可以在一定程度上提高 BOTDR 的空间分辨率。

这里,我们将光纤的应变看作是分段均匀的,如图 3.4.15 中的采样点 A,其前方空间分辨率范围内的光纤可以分为 m 段,每段光纤的长度相等,假设光纤应变在段内呈均匀分布,应变分别为 $\varepsilon_1,\varepsilon_2,\cdots,\varepsilon_m$,则 A 点的实测布里渊散射光谱是这 m 段光纤的布里渊散射光谱之和。如果第 $1 \sim (m-1)$ 段光纤的布里渊散射光谱已知,则第 m 段光纤的布里渊散射光谱可以表示为

$$g_{\varepsilon_m}(v) = g_m(v) - \sum_{i=1}^{m-1} g_{\varepsilon_i}(v) \tag{3.4.19}$$

式中,$g_{\varepsilon_m}(v)$ 是空间分辨率内第 m 段光纤的布里渊散射光谱;$g_m(v)$ 是 BOTDR 实测的布里渊散射光谱,理论上是第 $1 \sim m$ 段光纤的布里渊散射光谱之和;v 为扫描频率;m 是空间分辨率内的分段数,可由式(3.4.20)确定。

$$m = \delta_z / d_s \tag{3.4.20}$$

式中,δ_z 是 BOTDR 的空间分辨率,d_s 是空间采样间隔。

由式(3.4.19)可以得到第 m 段光纤的布里渊散射光谱,按洛伦兹函数对其进行拟合后,可以得到该段光纤的应变 ε_m。依次类推,可以由 $\varepsilon_2,\varepsilon_3,\cdots,\varepsilon_m$ 得到第 $m+1$ 段光纤的应变 ε_{m+1},由 $\varepsilon_{n+1},\varepsilon_{n+2},\cdots,\varepsilon_{n+m-1}$ 得到第 $n+m$ 段光纤的应变。

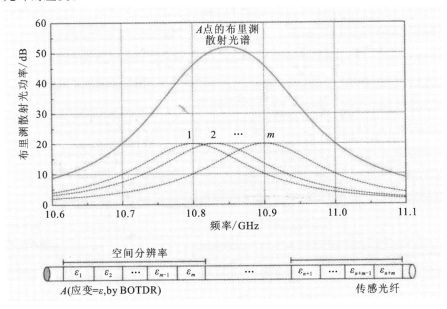

图 3.4.15　布里渊散射光谱的叠加原理

图 3.4.16 是 BOTDR 实测应变与光纤真实应变的对比图。可见,由于 BOTDR 空间分辨率的存在,BOTDR 实测应变和光纤的真实应变之间存在一定的差异。

图 3.4.17 中的三角符号线是采用频谱分解法,由 BOTDR 的实测应变计算得到的应变分布。可见,经过频谱分解得到的光纤应变与光纤的真实应变具有很好的一致性。频谱分解是自左向右进行的,随着计算点数的增加,经频谱分解后的应变在某些点处与光纤的真实应变偏离较远,并出现周期性波动。造成这一现象的主要原因是计算过程中误差的累积。需要注意的是,使用该方法计算的应变点数不能太多,否则误差累积的影响将十分显著。

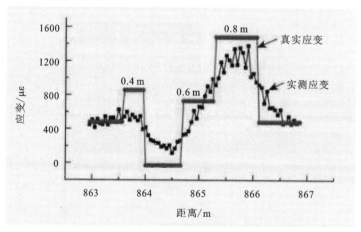

图 3.4.16 光纤的真实应变与 BOTDR 实测应变的对比图

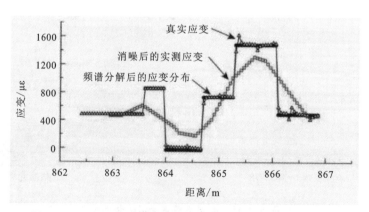

图 3.4.17 频谱分解后的应变分布和光纤真实应变的对比图

3.4.5 布里渊频谱降噪

通过对实测的布里渊散射光谱按洛伦兹函数进行拟合,可以得到谱线的峰值频率,进而得到光纤的应变。但是,在光电检测或信号转换中,由于外界环境或设备元件中一些随机因素的影响,布里渊散射光谱中不可避免地会产生一些噪声。如果不除去这些随机噪声,而是直接采用洛伦兹函数或高斯函数进行频谱拟合,就会使布里渊峰值频率产生误差。在求解光纤的应变时,就会使这个误差传递到应变上,进而降低仪器的测量精度。

本研究提出采用卡尔曼滤波和自回归模型的信号处理方法,可以有效抑制布里渊频谱中的噪声,提高 BOTDR 的检测精度。计算流程如图 3.4.18 所示。

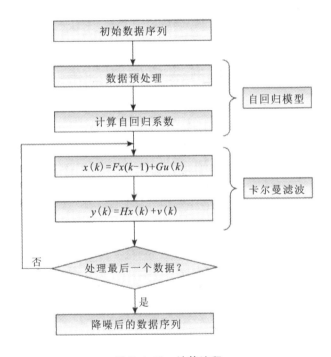

图 3.4.18 计算流程

为了验证上述方法的正确性,本书采用一个数字模型进行验证。

假设传感光纤上某点的布里渊频谱的中心频率为 12 797 MHz,加入噪声之后,其布里渊频谱的中心频率变为 12 795.6 MHz。谱线及拟合曲线如

图 3.4.19 所示。在选定的参数下,处理后的结果如图 3.4.20 所示。可见,拟合后的中心频率是 12 796.4 MHz,比处理前增大了 0.8 MHz,且更接近真值 12 797 MHz,说明本研究提出的降噪方法是有效的。

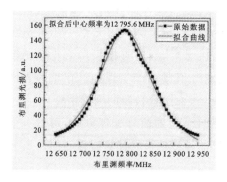 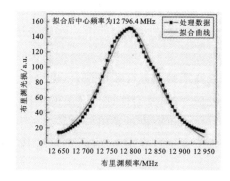

图 3.4.19　处理前布里渊谱线及拟合曲线　　图 3.4.20　处理后布里渊谱线及拟合曲线

3.5　应变测量的温度补偿技术

3.5.1　温度变化对光纤参数的影响

当温度变化的时候,光纤密度、折射率会发生改变,并且光纤的自由能也会发生相应的变化,从而改变光纤的弹性模量、剪切模量、泊松比等,进而引起布里渊频移的变化(胡晓东等,1999)。

1. 折射率 n

光纤的折射率与温度存在线性关系,见式(3.5.1)。

$$n(T) = n(T_0) + n'\Delta T \tag{3.5.1}$$

式中,n' 为折射率温度系数。

2. 密度 ρ

光纤的密度近似地与温度存在线性关系,下式中 α 为光纤的热膨胀系数。

$$\rho(T) \approx \rho(T_0)(1 - 3\alpha\Delta T) \tag{3.5.2}$$

3. 弹性模量 E

在 $-50\sim1000$ ℃范围内,石英的弹性模量与温度之间具有线性关系,对试验数据进行拟合,可以得到弹性模量与温度差的关系,见式(3.5.3)。

$$E(T) = E(T_0) + E'\Delta T \approx (7.3 + 1.35 \times 10^{-3}\Delta T) \times 10^{10} \quad (3.5.3)$$

式中,E' 为弹性模量温度系数。

4. 剪切模量 G

剪切模量同样也与温度具有线性关系,对试验数据进行拟合得到剪切模量与温度差的关系,见式(3.5.4)。

$$G(T) = G(T_0) + G'\Delta T \approx (3.12 + 4.6 \times 10^{-4}\Delta T) \times 10^{10} \quad (3.5.4)$$

式中,G' 为剪切模量温度系数。

5. 泊松比 μ

通过对剪切模量等的计算,可以得到泊松比与温度的关系。

$$\mu(T) = \mu(T_0) + \mu'\Delta T \approx 0.17 + 4.38 \times 10^{-5}\Delta T \quad (3.5.5)$$

将单模石英光纤的参数代入式(3.5.6),可得到布里渊频移与温度的关系。当温度为 20 ℃,入射光波长为 1.55 μm 时,单模光纤的布里渊频移约为 11 GHz,其变化与温度呈线性关系,关系系数约为 1.3 MHz/℃。考虑光纤的涂覆层为有机硅树脂,经计算得出温度每变化 1 ℃,引起的附加布里渊频移变化量约为 0.03 MHz。

$$v_B(T) = v_B(T_0)\left\{1 + \left\{\frac{n'}{n(T_0)} + \frac{3\alpha}{2} + \frac{E'}{2E(T_0)} + \mu'\frac{\mu(T_0)[2-\mu(T_0)]}{[1-\mu^2(T_0)][1-2\mu(T_0)]}\right\}\Delta T\right\}$$

$$= v_B(T_0)(1 + 1.18 \times 10^{-4}\Delta T)$$

$$(3.5.6)$$

3.5.2　温度补偿方法

1. 参考光纤法

参考光纤法是解决基于布里渊散射的分布式光纤传感器交叉敏感问题最常用的一种方法,具有简单、可靠的优点,在实际工程监测中应用较多。该方法是通过在测量光纤旁边平行布置参考光纤,使参考光纤处于不受应变的自由松弛状态,只对温度敏感,作为温度传感光纤;测量光纤则采用全面粘贴或定点粘贴的方法安装在待测结构上,使其对温度和应变都敏感。这样,通过测量参考光纤获得待测物理场的温度信息,然后从测量光纤的测量信息中扣除温度信息以获得待测物理场的应变信息,即可实现温度和应变的同时测量。

该方案由于需要同时并行布置两套光纤,给工程应用中传感光纤的布设造成一定的困难。另外,如果测量光纤采用全面粘贴,受黏结剂的影响,测量光纤和参考光纤的温度敏感系数会改变,从而对应变测量结果产生一定影响。

Inaudi 与 Glisic(2005)研发的一种可以解决上述问题的专用传感光缆 SMARTprofile 光缆将两根黏结光纤和两根自由光纤封装在同一根聚乙烯热塑性塑料材料的光缆中,如图 3.5.1 所示。黏结光纤用于应变测量,自由光纤作为参考光纤,用于温度测量,进行温度补偿。这种光缆材料具有很好的力学、耐腐蚀和耐高温性能,对传感光纤起到很好的保护作用。光缆的外形和尺寸使其非常容易运输和安装。

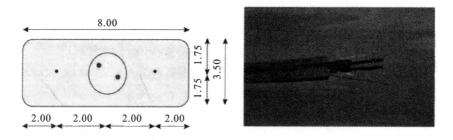

图 3.5.1 SMARTprofile 光缆的结构和样品(单位:mm)

2. Landau-Placzek 比率法

瑞利散射精细结构谱的强度与介质的热状态有关。物理学家朗道(Landau)和普拉蔡克(Placzek)提出瑞利散射的强度(光波频率不变部分)与瑞利散射精细结构谱(光波频率变化部分,包括斯托克斯、反斯托克斯和布里渊散射)的强度比(Landau-Placzek ratio,LPR)和介质的热物理性质有关,在液芯光纤中瑞利中心组分光谱积分强度 I_R 与两个布里渊组分光谱积分强度之和 I_B 的比率为

$$\frac{I_{\mathrm{R}}}{I_{\mathrm{B}}} = \frac{c_p - c_v}{c_v} \tag{3.5.7}$$

式中，c_p 和 c_v 分别为定压比热和定容比热。式(3.5.7)称为 Landau-Placzek 方程，$I_{\mathrm{R}}/I_{\mathrm{B}}$ 为 Landau-Placzek 比率(LPR)。

Schroeder 等给出了单一组分玻璃的 LPR：

$$\mathrm{LPR} = \frac{I_{\mathrm{R}}}{I_{\mathrm{B}}} = \frac{T_{\mathrm{f}}}{T}(\rho V_{\mathrm{a}}\beta_T - 1) \tag{3.5.8}$$

式中，ρ 为密度，V_{a} 为声波速度，β_T 为虚温度 T_{f} 下的熔化等温压缩率，T 为温度，虚温度 T_{f} 为玻璃从熔化到固化热力学波动时的温度。式(3.5.8)表明 LPR 与温度成反比。

多组分玻璃的 LPR 可表示为

$$\mathrm{LPR} = \frac{I_{\mathrm{R}}}{I_{\mathrm{B}}} = \frac{I_{\mathrm{R}}^{\rho} + I_{\mathrm{R}}^{c}}{I_{\mathrm{B}}} = R_{\rho} + R_{c} \tag{3.5.9}$$

式中，I_{R}^{ρ} 为密度波动引起的初始散射强度，I_{R}^{c} 为附加组分引起的散射强度。此时，LPR 与温度仍然保持反比关系。

声波速度 V_{a} 可以表示为

$$V_{\mathrm{a}} = \sqrt{\frac{(1-\mu)E}{(1+\mu)(1-2\mu)\rho}} \tag{3.5.10}$$

式中，E、μ 和 ρ 分别为光纤的弹性模量、泊松比和密度。其中，温度变化引起的密度变化非常小，可以忽略；E 和 μ 受温度变化影响，从而引起声波速度的变化。

LPR 和温度之间的关系如图 3.5.2 所示。

可见，利用光纤的瑞利散射可以实现温度测量与应变测量的温度补偿。

3. 基于布里渊散射谱的双参量法

布里渊散射谱可以通过布里渊频移 v_{B}、布里渊线宽 BLW(Brillouin line width)和布里渊峰值功率 P 等参量进行描述。基于布里渊散射谱的双参量法的基本思想是：选择布里渊频移以外的另外一个参量 X，如布里渊线宽或布里渊峰值功率，通过利用布里渊频移与应变和温度的线性关系以及参量 X 对温度或者应变的不敏感性，或者参量 X 与应变和温度的线性关系，实现应变和温度的同时测量。通常，在应变和温度同时变化时，布里渊频移的变化 δv_{B} 和另外一个参量的变化 δX 与应变和温度之间的关系可以写成

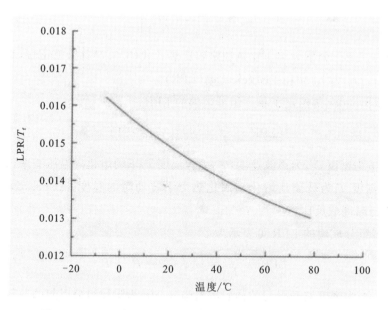

图 3.5.2　LPR 与温度之间的关系(Bansal 和 Doremus,1986)

$$\begin{bmatrix} \delta v_{\mathrm{B}} \\ \delta X \end{bmatrix} = \begin{bmatrix} \dfrac{\partial v_{\mathrm{B}}(\varepsilon)}{\partial \varepsilon} & \dfrac{\partial v_{\mathrm{B}}(T)}{\partial T} \\ \dfrac{\partial X(\varepsilon)}{\partial \varepsilon} & \dfrac{\partial X(T)}{\partial T} \end{bmatrix} \begin{bmatrix} \delta \varepsilon \\ \delta T \end{bmatrix} \tag{3.5.11}$$

式中, $\partial v_{\mathrm{B}}(\varepsilon)/\partial \varepsilon$ 和 $\partial v_{\mathrm{B}}(T)/\partial T$ 分别为布里渊频移-应变系数和布里渊频移-温度系数, $\partial X(\varepsilon)/\partial \varepsilon$ 和 $\partial X(T)/\partial T$ 分别为另一参量的应变系数和温度系数。为了保证式(3.5.11)所示的线性方程组有解,矩阵的行列式不能为零,并且, δX 的微小测量误差不能导致 $\delta \varepsilon$ 和 δT 发生大的变化,即系统要具有较好的稳定性。

4. 基于特种光纤的双频移法

在普通单模光纤中,布里渊散射谱只有一个峰值。然而在某些特种光纤中,布里渊散射谱具有多个峰值。基于特种光纤的双频移法使用具有多个布里渊散射峰的特种光纤,可利用某两个(或三个)布里渊散射峰具有不同的频移-应变系数和频移-温度系数的特性,构建一个频移-应变系数和频移-温度系数的系数矩阵,从而实现应变和温度的同时测量。

Lee 等(2001)提出了一种应用具有不同温度系数纤芯组分的色散位移

光纤进行分布式温度和应变同时测量的方法。研究所用的传感光纤为在密集波分复用（DWDM）网络中广泛应用的大有效面积非零色散光纤（LEAF），只需要测量布里渊频移就可以实现高分辨率、高精度的应变和温度同时测量。

光纤纤芯含有不同的组分或掺杂物时，不同声速的声子产生多峰布里渊频谱。此时，两个主峰布里渊频移与温度和应变的关系可表示为

$$\delta v_{\mathrm{B}}^{\mathrm{PK1}}(\varepsilon, T) = \frac{\partial v_{\mathrm{B}}^{\mathrm{PK1}}(\varepsilon)}{\partial \varepsilon} \cdot \delta \varepsilon + \frac{\partial v_{\mathrm{B}}^{\mathrm{PK1}}(T)}{\partial T} \cdot \delta T \qquad (3.5.12)$$

$$\delta v_{\mathrm{B}}^{\mathrm{PK2}}(\varepsilon, T) = \frac{\partial v_{\mathrm{B}}^{\mathrm{PK2}}(\varepsilon)}{\partial \varepsilon} \cdot \delta \varepsilon + \frac{\partial v_{\mathrm{B}}^{\mathrm{PK2}}(T)}{\partial T} \cdot \delta T \qquad (3.5.13)$$

因此，通过联立式（3.5.12）和式（3.5.13）就可以进行温度和应变的同时测量。Lee 等（2001）发现第一个和第二个峰值的布里渊频移-温度系数不同，但布里渊频移-应变系数相同，在 3682 m 长的大有效面积非零色散光纤上进行了温度和应变同时测量试验，在 2 m 的空间分辨率下，温度和应变分辨率分别为 5 ℃ 和 60 $\mu\varepsilon$。

5.联合其他物理效应法

Alahbabi 等（2005）提出了一种联合拉曼散射和自发布里渊散射效应进行温度、应变同时测量的方法，通过测量反斯托克斯拉曼光强度来确定温度：

$$\Delta T_{\mathrm{R}}(L) = \frac{\Delta I_{\mathrm{R}}(L)}{C_T^{\mathrm{R}I}} \qquad (3.5.14)$$

式中，$\Delta T_{\mathrm{R}}(L)$ 为光纤上 L 位置处温度变化量，L 为沿光纤距离，$\Delta I_{\mathrm{R}}(L)$ 为均一化拉曼强度，$C_T^{\mathrm{R}I}$ 为拉曼强度-温度系数。由布里渊频移与温度和应变的关系，两者联合实现温度和应变的同时测量，应变变化可以表示为

$$\Delta \varepsilon(L) = \frac{\Delta v_{\mathrm{B}}(L) - C_T^{\mathrm{B}} \Delta T_{\mathrm{R}}(L)}{C_\varepsilon^{\mathrm{B}}} \qquad (3.5.15)$$

式中，$\Delta v_{\mathrm{B}}(L)$ 为均一化布里渊频移，$C_\varepsilon^{\mathrm{B}}$ 为布里渊频移-应变系数，C_T^{B} 为布里渊频移-温度系数。Alahbabi 等（2005）在 23 km 长的光纤上进行测量试验，在 10 m 的空间分辨率下，温度和应变分辨率分别为 6 ℃ 和 150 $\mu\varepsilon$。

81

6. 双光纤法

在研究各种温度和应变交叉敏感问题解决方法的基础上,课题组提出了一种新的基于布里渊散射分布式传感技术的交叉敏感问题的解决方案——双光纤法。

普通通信光纤一般都具有起保护作用的涂覆层,有的还采用较厚的护套层。涂覆和护套材料的热膨胀系数与纤芯是不同的,当温度发生变化时,必然会产生附加频移,如式(3.5.16)所示:

$$\Delta v_\mathrm{B}(T) = \frac{\partial v_\mathrm{B}(T)}{\partial T} \cdot \Delta T + \alpha \cdot \Delta T \qquad (3.5.16)$$

式中,右边第一项表示温度对布里渊频移的影响,第二项为保护材料产生的附加频移。

针对这一问题,课题组选择了多种单模光纤进行测试,包括美国康宁(Corning)公司的 $\phi 250~\mu m$ 裸纤和 $\phi 900~\mu m$ 褐色PVC护套光纤、荷兰特恩驰(TKH)公司的透明尼龙护套光纤以及国内长飞公司的白色PVC护套光纤,以上均为通信中常用的紧套光纤。

试验得出 $\phi 900~\mu m$ 尼龙护套光纤的布里渊频移-温度系数为3.17 MHz/℃,该值与日本学者 Kurashima 测定的尼龙光纤在 $-20\sim30$ ℃之间的温度系数 3.3 MHz/℃ 是吻合的。理论分析和试验得出裸纤的温度系数为 1.1~1.3 MHz/℃。尼龙护套光纤的布里渊频移-温度系数增大是由尼龙护套的热膨胀引起的,光纤纤芯石英材料的热膨胀系数为 8.68×10^{-7}/℃,而尼龙的热膨胀系数为 4.33×10^{-5}/℃,尼龙的热膨胀系数比石英大近50倍,由此可得出尼龙护套造成的附加频移约为 2.3 MHz/℃,这一理论值与试验结果是一致的。此外,试验得出褐色PVC护套光纤的布里渊频移-应变系数为 508 MHz/%,而透明尼龙护套光纤的布里渊频移-应变系数为 549 MHz/%,白色PVC护套光纤的布里渊频移-应变系数为 508 MHz/%。

从以上分析可以看出,护套材料对光纤的布里渊频移-温度系数和布里渊频移-应变系数均有较大影响。因此,通过沿待测结构平行布设两种不同护套材料的传感光纤,利用两种传感光纤具有不同的布里渊频移-应变系数和布里渊频移-温度系数,联立类似式(3.5.12)和式(3.5.13)的方程组,就可以实现温度和应变的同时测量。

上述六种解决基于布里渊散射分布式传感技术的交叉敏感问题的方案

中,参考光纤法是当前用于解决交叉敏感问题的主要方案,但在参考光纤的布设方面存在一定的问题。基于普通单模光纤的布里渊散射谱的双参量法,由于布里渊频移对温度和应变变化非常敏感,而布里渊峰值功率、线宽对温度和应变不敏感,这会导致采用式(3.5.11)求解的误差较大。此外,线宽和功率都容易受到脉冲宽度、泵浦光和脉冲光功率波动影响,从而影响温度和应变测量结果。基于特种光纤的双频移法,由于需要采用特种光纤,不适合已布设光纤的结构物监测。基于拉曼散射和基于布里渊散射的分布式光纤传感技术都已相当成熟,因此,联合拉曼散射和布里渊散射效应进行温度、应变同时测量的解调系统是一个重要的研究和发展方向。本书提出的双光纤法,采用两种不同护套的普通的单模光纤,不需要复杂的信号处理,即可实现温度和应变的同时测量,对系统的稳定性要求也比其他方法低,是一种十分实用的交叉敏感问题的解决方法。

第四章 基于微钻孔多参量的管廊周边地质环境监测技术研究

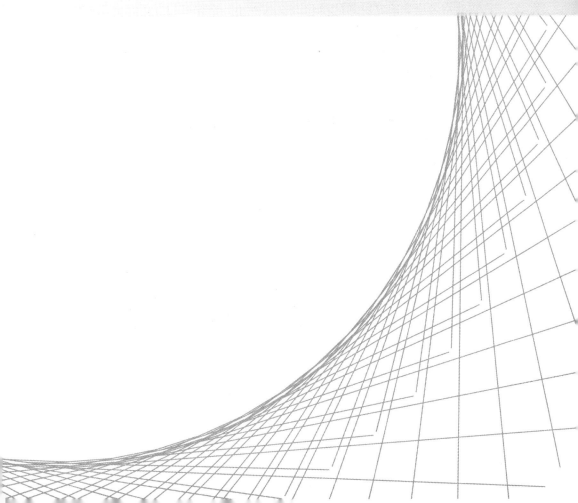

4.1 变形传感器选型和优化

设计的定点感测光缆纤芯与外层护套既不是松套,也不是全紧套接触,而是固定间距下紧套点接触,形成一条定点拉伸串,克服了局部非连续大变形对光缆损伤拉断的问题以及普通应变光缆与浅表土层间耦合性差的问题,具有极好的机械性能和抗拉抗压性能。该光缆主要用于土体的分层变形测量,可用于管廊的大范围普查及监测。

4.1.1 设计及生产工艺

分布式定点传感光缆是在现有的直径为 4 mm 的铠装光缆上附加一定间隔的定点而成的一种特种传感光缆,采用独特的内定点方式,实现空间非连续非均匀应变的分段测量,如图 4.1.1 所示。在原有的分布式定点光缆基础上,开发了注胶模具,实现了分布式位移感测光缆定点的自动化生产,提升了产品的稳定性和一致性,并且大幅提升产能。新型分布式位移感测光缆生产如图 4.1.2 所示。

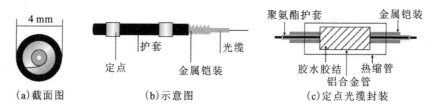

(a)截面图　　　(b)示意图　　　(c)定点光缆封装

图 4.1.1　分布式定点光缆设计

(a)配套夹具开发

图 4.1.2　新型分布式位移感测光缆生产

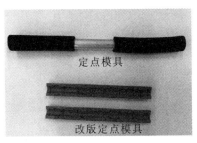

定点模具

改版定点模具

（b）定点模具开发

剥线

定点安装　　　注胶　　　定点闭合

（c）光缆生产

续图 4.1.2

表 4.1.1 所示为新型分布式位移感测光缆的基本性能特点及技术参数。

表 4.1.1　基本性能特点及技术参数

光缆类型	SMG. 652b
纤芯数量	1
光缆直径	光缆 5 mm,定点 8 mm
定点距离	50 cm 以上定制

4.1.2　测试结果与效果检验

将光缆两端固定在拉伸试验装置上,待约束点完全固定后开始测试。拉伸试验表明,2 m 定点感测光缆及 5 m 定点感测光缆均可拉伸至 20 000 $\mu\varepsilon$,即测量范围分别可达 40 mm 和 100 mm,如图 4.1.3 所示。

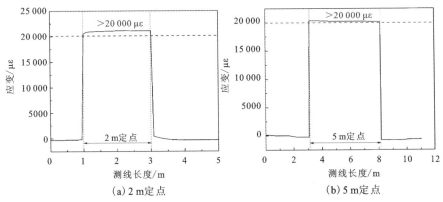

（a）2 m定点　　　　　　　　（b）5 m定点

图 4.1.3　分布式定点光缆拉伸试验

将 2 m 定点感测光缆拉伸 4 mm,测量其应变值,进行平行试验 5 次,显示应变波动范围为(2000±50)$\mu\varepsilon$,即所测位移为(4±0.1)mm,感测精度可达 0.1 mm,如图 4.1.4(a)所示。

将 5 m 定点感测光缆拉伸 10 mm,测量其应变值,进行平行试验 5 次,显示应变波动范围为(2000±50)$\mu\varepsilon$,即所测位移为(10±0.25)mm,感测精度可达 0.25 mm,如图 4.1.4(b)所示。

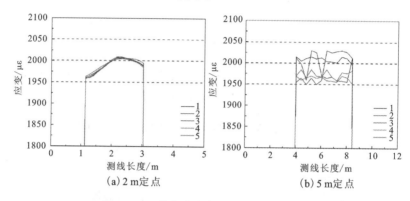

(a) 2 m 定点   (b) 5 m 定点

图 4.1.4　分布式定点光缆感测精度试验

4.2　温度传感器选型和优化

设计的非金属加筋密集分布式温度传感光缆采用非金属加筋丝作为加强件,增加了整根光缆的抗拉强度,提升了光缆的应变隔离效果,光缆外围采用高强度 PBT 松套管保护,松套管外部设计一圈阻水层,用于阻止水分进入。光缆全部采用非金属加强件设计,具有极好的绝缘性,适用于施工破坏较大的钻孔测温,以及综合管廊、电力、高磁场、混凝土结构环境温度监测。非金属加筋密集分布式温度传感光缆结构设计如图 4.2.1 所示。其技术参数如表 4.2.1 所示。

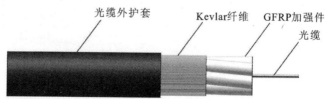

图 4.2.1　非金属加筋密集分布式温度传感光缆结构设计

表 4.2.1　非金属加筋密集分布式温度传感光缆技术参数

量程	$-20\sim80$ ℃
测点间距	1 m、2 m、5 m(可定制)
光缆类型	SMG.652b
纤芯数量	1
光缆直径	8 mm

4.3　液位传感器选型和优化

　　设计的光纤光栅液位传感器利用光纤光栅作为测力元件,通过液体压力,压缩感测元器件,液体流经渗水石,发生渗透,压力传递至弹性敏感元件段压力膜,引起压力膜变形,使光纤光栅周期改变,从而使得输出波长发生变化。测量时利用光纤解调仪测量传感器的输出波长,再经换算即可得到液位变化量,根据压力与液体密度的关系,进而计算出液位的高度变化。

　　液面高度 H 根据液体压强公式计算:

$$H = \frac{P}{\rho g} \tag{4.3.1}$$

式中,H 为传感器下方位置至待测液面的距离,P 为传感器测量压强,ρ 为待测液体密度,g 为重力加速度。

　　光纤光栅液位传感器主要由光纤光栅、弹性敏感元件段、封装结构、光纤引线等组成,其结构如图 4.3.1 所示。其技术参数如表 4.3.1 所示。

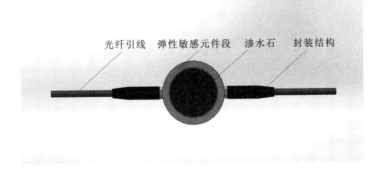

光纤引线　弹性敏感元件段　渗水石　封装结构

图 4.3.1　光纤光栅液位传感器结构

表 4.3.1 光纤光栅液位传感器技术参数

量程	≥20 m
适用温度	−20～80 ℃
光栅中心波长	1510～1590 nm
尺寸	$\phi50$ mm×22 mm
安装方式	钻孔埋入

光纤光栅液位传感器适用于综合管廊周边地下水位监测,可与钻孔内的变形传感器和温度传感器同步安装,实现钻孔内的多参量监测。其特点为:本征安全;耐腐蚀,抗干扰,长期稳定性高;安装方便。

第五章 点线面融合的地下管廊结构安全监测技术研究

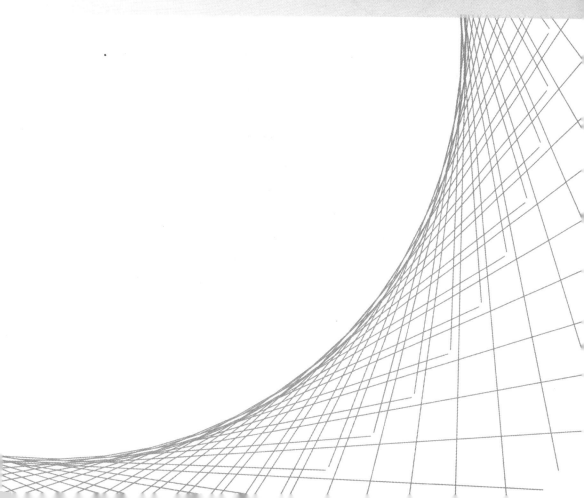

5.1 基于分布式应变的地下管廊结构多维变形监测技术研究

5.1.1 地下管廊多维变形监测理论模型

地下管廊典型的接缝监测断面如图 5.1.1(a)所示。1、3、6 号光纤跨接缝沿管廊轴向布设,监测管廊两腰及顶板接缝的张合变形;2、4、5 号光纤跨接缝与接缝近似平行布设,监测管廊结构的横向剪切变形和纵向剪切变形。

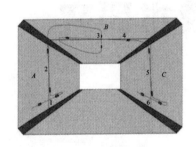
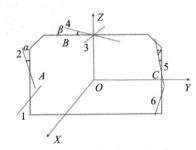

(a)管廊接缝监测断面   (b)监测断面的空间坐标系

图 5.1.1 传感光缆布设示意图

如图 5.1.1(b)所示,在管廊接缝监测断面的几何中心建立空间坐标系,并设 1 号和 2 号光纤布设的管廊面为 A 面,3 号和 4 号光纤布设的管廊面为 B 面,5 号和 6 号光纤布设的管廊面为 C 面。根据光纤变形量与光纤应变的理论关系,将每根光纤的应变量投影到三个坐标轴方向,推导出管廊接缝三维计算模型:

$$\varepsilon_{A1X} = \frac{\Delta X_A}{L_1} + \frac{\sqrt{\Delta Y_A^2 + L_1^2} - L_1}{L_1} + \frac{\sqrt{\Delta Z_A^2 + L_1^2} - L_1}{L_1} \quad (5.1.1)$$

$$\varepsilon_{A2Z} = \frac{\Delta X_A}{L_2}\sin\alpha + \frac{\Delta Z_A}{L_2}\cos\alpha + \frac{\sqrt{\Delta Y_A^2 + L_2^2} - L_2}{L_2} \quad (5.1.2)$$

$$\varepsilon_{B3X} = \frac{\Delta X_B}{L_3} + \frac{\sqrt{\Delta Y_B^2 + L_3^2} - L_3}{L_3} + \frac{\sqrt{\Delta Z_B^2 + L_3^2} - L_3}{L_3} \quad (5.1.3)$$

$$\varepsilon_{B4Y} = \frac{\Delta X_B}{L_4}\sin\beta + \frac{\Delta Y_B}{L_4}\cos\beta + \frac{\sqrt{\Delta Z_B^2 + L_4^2} - L_4}{L_4} \qquad (5.1.4)$$

$$\varepsilon_{C5Z} = \frac{\Delta X_C}{L_5}\sin\gamma + \frac{\Delta Z_C}{L_5}\cos\gamma + \frac{\sqrt{\Delta Y_C^2 + L_5^2} - L_5}{L_5} \qquad (5.1.5)$$

$$\varepsilon_{C6X} = \frac{\Delta X_C}{L_6} + \frac{\sqrt{\Delta Y_C^2 + L_6^2} - L_6}{L_6} + \frac{\sqrt{\Delta Z_C^2 + L_6^2} - L_6}{L_6} \qquad (5.1.6)$$

式中，ΔX_A、ΔX_B、ΔX_C分别为管廊接缝在 A、B、C 三个面沿 X 轴方向的变形量，ΔY_A、ΔY_B、ΔY_C分别为管廊接缝在 A、B、C 三个面沿 Y 轴方向的变形量，ΔZ_A、ΔZ_B、ΔZ_C分别为管廊接缝在 A、B、C 三个面沿 Z 轴方向的变形量，α、β、γ分别为2、4、5号光纤与管廊接缝的夹角，L_1、L_2、L_3、L_4、L_5、L_6分别为1、2、3、4、5、6号光纤的定点标距，ε_{A1X}、ε_{A2Z}、ε_{B3X}、ε_{B4Y}、ε_{C5Z}、ε_{C6X}分别为1、2、3、4、5、6号光纤的应变量。

为验证上述所推导的管廊接缝三维计算模型的准确性，开展了以下模型试验研究。

5.1.2　接缝三维变形试验设计

以管廊监测断面顶面3、4号光纤的布设方式为例，开展了六种工况的试验。

1. 试验仪器及传感光缆

通过三维光学工作台模拟控制管廊接缝变形量的变化，采用便携密集分布式光纤解调仪测量光缆的波长。便携密集分布式光纤解调仪如图 5.1.2 所示，该仪器具有监测精度高、分布式测量、定位准确、实时性好等优点。光学工作台如图 5.1.3 所示。

图 5.1.2　便携密集分布式光纤解调仪

(a)三维光学工作台　　　　　　　　(b)一维光学工作台

图 5.1.3　光学工作台

本次试验采用高传递紧包护套密集分布式应变感测光缆,光缆直径为0.9 mm。该光缆易与监测物协调变形,可直接埋设于混凝土、岩土体等结构中,与结构体耦合性良好,可以更好地测量出变形量。光缆结构示意图及实物照片如图 5.1.4 所示。

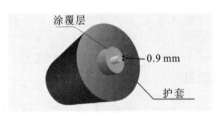 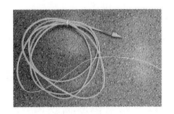

(a)光缆结构示意图　　　　　　　(b)实物照片

图 5.1.4　本次试验所用的光缆

2.试验方案

以管廊顶面 3、4 号光纤为例,对管廊接缝三维变形进行试验模拟,布设方式如图 5.1.5 和图 5.1.6 所示。将光纤分别固定在两个一维光学工作台和一个三维光学工作台上,并使三个工作台初始高度相同。在三维光学工作台上,光纤在过弯处采用圆环过渡,减少光纤损耗。在三维光学工作台周围布设三个百分表,用来监测 X、Y、Z 三个方向的变形量。

试验参数:3 号光纤两点间距 1 m,4 号光纤两点间距 1 m,3 号光纤与管廊接缝夹角 $10°$。

为了更好地模拟管廊接缝三维变形状态,本次试验共设置六种工况,如表 5.1.1 所示。

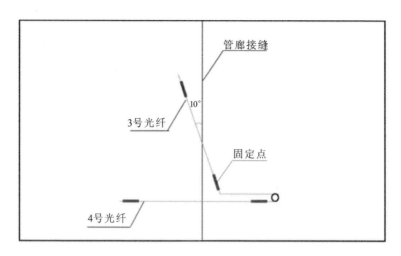

图 5.1.5   光纤布设方式

图 5.1.6   试验布设图

表 5.1.1   试验工况

工况类型	管廊接缝 变形状态	管廊接缝 变化范围/mm	管廊接缝每次 变化值/mm	读数间隔时间 /min
工况一	张合变形	0~10	1	15
工况二	纵向剪切变形	0~10	1	15
工况三	横向剪切变形	0~10	1	15

工况类型	管廊接缝 变形状态	管廊接缝 变化范围/mm	管廊接缝每次 变化值/mm	读数间隔时间 /min
工况四	张合变形＋纵向 剪切变形	0～7	1	15
工况五	张合变形＋横向 剪切变形	0～7	1	15
工况六	横向剪切变形＋纵向 剪切变形	0～7	1	15

3.试验内容与步骤

为模拟管廊接缝三维变形状态,设置如下六种试验工况。

(1)张合变形。首先用三维光学工作台对光纤进行预拉,然后操作三维光学工作台,将光纤沿右方进行拉伸,从 0 mm 拉伸至 10 mm,每次变化量 1 mm。每达到一级变化量后,保持 15 min,稳定后读取光纤波长值。

(2)纵向剪切变形。首先用三维光学工作台对光纤进行预拉,然后操作三维光学工作台,向下移动,使光纤从 0 mm 向下变化至 10 mm,每次下降 1 mm。每达到一级变化量后,保持 15 min,稳定后读取光纤波长值。

(3)横向剪切变形。首先用三维光学工作台对光纤进行预拉,然后操作三维光学工作台,向前移动,使光纤从 0 mm 向前变化至 10 mm,每次向前 1 mm。每达到一级变化量后,保持 15 min,稳定后读取光纤波长值。

(4)张合变形＋纵向剪切变形。首先用三维光学工作台对光纤进行预拉,然后操作三维光学工作台,向右拉伸 1 mm,保持 15 min,稳定后读取光纤波长值,然后向下变化 1 mm,保持 15 min,稳定后读取光纤波长值,然后向右拉伸 1 mm,稳定后读取光纤波长值,再向下变化 1 mm,稳定后读取光纤波长值。依次类推,使两个方向各变化 7 mm。

(5)张合变形＋横向剪切变形。首先用三维光学工作台对光纤进行预拉,然后操作三维光学工作台,向右拉伸 1 mm,保持 15 min,稳定后读取光纤波长值,然后向前变化 1 mm,保持 15 min,稳定后读取光纤波长值,然后向右拉伸 1 mm,稳定后读取光纤波长值,再向前变化 1 mm,稳定后读取光纤波长值。依次类推,使两个方向各变化 7 mm。

(6)横向剪切变形＋纵向剪切变形。首先用三维光学工作台对光纤进行预拉,然后操作三维光学工作台,向前拉伸 1 mm,保持 15 min,稳定后读取光纤波长值,然后向下变化 1 mm,保持 15 min,稳定后读取光纤波长值,然后向前拉伸 1 mm,稳定后读取光纤波长值,再向下变化 1 mm,稳定后读取光纤波长值。依次类推,使两个方向各变化 7 mm。

5.1.3　试验结果分析

通过六种试验工况,模拟管廊接缝的变化。采用便携密集分布式光纤解调仪测出光纤的波长,并通过式(5.1.7)将波长转化为光纤应变:

$$\varepsilon = 0.845\lambda \tag{5.1.7}$$

式中,ε 为光纤应变,λ 为光纤波长。

将六种工况对应的接缝变化量代入管廊接缝三维计算模型[式(5.1.1)～式(5.1.6)]中,计算得到相应的理论值。理论值与实测值相减得到误差值。其中,工况一、二、三的光纤应变误差值如图 5.1.7 所示,工况四、五、六的光纤应变理论值与实测值如图 5.1.8 所示。

根据图 5.1.7 可以得出,工况一、二、三下,通过便携密集分布式光纤解调仪测量结果得出的光纤应变值与通过管廊接缝三维计算模型计算出来的光纤应变值的误差,大部分在 50 $\mu\varepsilon$ 以内,按定点间距 1 m 计算,接缝变形误差小于 0.05 mm。从图 5.1.8 可以得到,工况四、五、六的光纤应变理论值

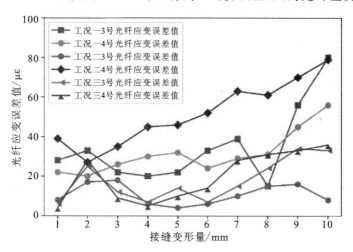

图 5.1.7　工况一、二、三光纤应变误差值

与光纤应变实测值很接近。因此,可以得出管廊接缝监测断面光纤布设的方式是合理的,管廊接缝三维计算模型是准确的。

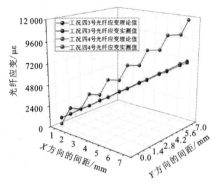

（a）工况四光纤应变理论值与实测值

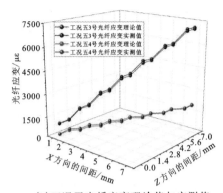

（b）工况五光纤应变理论值与实测值

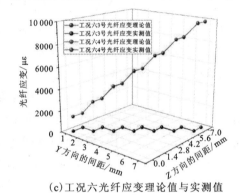

（c）工况六光纤应变理论值与实测值

图 5.1.8　工况四、五、六光纤应变理论值与实测值

5.1.4　基于机器学习的管廊三维变形计算方法

1.数据获取

为了获取可用于训练的管廊三维变形量与光纤应变之间的数据,根据管廊接缝三维计算模型得到了 12 个 4000 组光纤应变与管廊三维变形量数据。其中,第一级分类的数据为 4000 组,管廊三维变形量的取值范围为 0～10 mm,共分为 11 个分类标签。第二级分类的数据为 11 个 4000 组。由于分类无法处理小数,将第二级分类标签设置为 0～4、5～14、15～24、25～34、35～44、45～54、55～64、65～74、75～84、85～94、95～104,分别作为第一级分类 0~10 mm 的下一级分类,进行 0.1 mm 级别的分类。除 0~4 共 5 个分类标签外,其余每个都是 10 个分类标签。

2.模型评估指标

(1)准确率:表达模型计算的准确性。模型准确率是分类模型正确分类的样本数与样本总数的比值。准确率越高,模型效果越好。

(2)混淆矩阵:也称为误差矩阵,可以用来可视化地评估分类算法的性能,为表达模型泛化能力的参数。对于多分类问题,混淆矩阵通常将某个分类结果视为正,其他的分类结果视为反,从而转化为二分类问题。混淆矩阵如表 5.1.2 所示。

表 5.1.2 混淆矩阵

真实值	预测值(正)	预测值(反)
正	TP(真正例)	FN(假反例)
反	FP(假正例)	TN(真反例)

表 5.1.2 中,TP(真正例)表示一个标签为正,且预测值为正;FP(假正例)表示一个标签为反,而预测值为正;FN(假反例)表示一个标签为正,而预测值为反;TN(真反例)表示一个标签为反,且预测值为反。通过上述四个指标,可以计算出混淆矩阵的三个评价指标:精确率(P)、召回率(R)和调和平均值(F_1),计算公式如式(5.1.8)~式(5.1.10)所示:

$$P = \frac{TP}{TP + FP} \tag{5.1.8}$$

$$R = \frac{TP}{TP + FN} \tag{5.1.9}$$

$$F_1 = \frac{2P \times R}{P + R} \tag{5.1.10}$$

其中,精确率(P)越大,召回率(R)越大,调和平均值(F_1)越大,表示模型预测效果越好。

3.数据预处理

为确保预测结果的准确性,需要对数据集进行标准化处理。标准化也就是归一化,就是按照一定的比例将数据集缩小或放大到一个特定的区间内,从而消除不同变量的量纲限制,建立可靠的预测模型。本研究采用数据

集归一化处理,将数据映射到$[0,1]$区间内,计算公式如式(5.1.11)所示:

$$X_{norm} = \frac{X - X_{min}}{X_{max} - X_{min}} \tag{5.1.11}$$

式中,X为数据集原有的数据,X_{min}为变量的最小值,X_{max}为变量的最大值,X_{norm}为归一化后的数据,其值介于 0 和 1 之间。

4.建模分析

本研究提出了分别基于决策树算法、随机森林算法和支持向量机算法的两级递进机器学习分类新算法,对管廊接缝变形量进行训练和计算。两级递进机器学习分类新算法就是通过进行两次分类,逐步提高管廊接缝变形量的分类精度。第一级分类标签为 0~10 mm,共 11 个分类标签。通过第一级分类可以确定毫米级别的变形量范围。第二级分类则是在第一级分类的基础上,进一步在 0.1 mm 级别进行分类。

建立管廊接缝变形量第一级分类预测模型时,将数据集的 80% 作为训练集,将数据集的 20% 作为测试集,并进行五折交叉验证,提高模型的泛化能力,减少过拟合现象。

根据管廊三维变形量的 11 个分类指标,结合三种机器学习模型,基于 Python 编程语言得到模型的第一级分类结果,如图 5.1.9 所示。

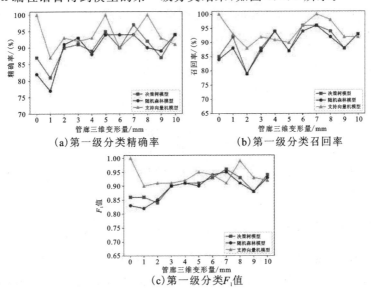

(a)第一级分类精确率　　　　　(b)第一级分类召回率

(c)第一级分类F_1值

图 5.1.9　三种机器学习模型第一级分类结果

第一级分类完成后,进行第二级 0.1 mm 精度的分类。以第一级分类标签为 5 mm 为例,第二级分类在 4.5～5.4 mm 范围内进行。由于分类无法处理小数,将第二级分类标签设置为 45～54,共 10 个 0.1 mm 精度分类标签。分类结果如图 5.1.10 所示。

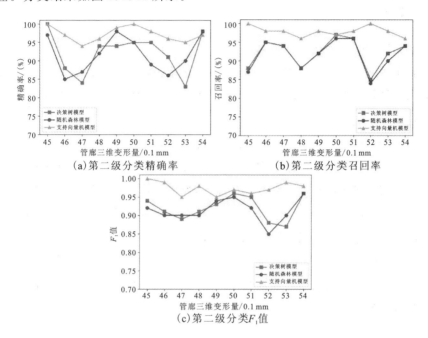

(a)第二级分类精确率　　　　　(b)第二级分类召回率

(c)第二级分类 F_1 值

图 5.1.10　三种机器学习模型第二级分类结果

5.三种机器学习模型对比

为了验证算法模型的准确性,本研究采用模型的准确率作为评价指标。根据表 5.1.3 中三种机器学习模型的第一级和第二级分类预测准确率,可以得到支持向量机模型的预测效果最好,其次是决策树模型和随机森林模型。并且,经过第二级分类后,模型的准确率比第一级分类准确率明显提高。

表 5.1.3　三种机器学习模型第一级和第二级分类预测准确率

分类级别	决策树模型	随机森林模型	支持向量机模型
第一级	90.4%	89.3%	92.9%
第二级	92.05%	91.6%	97.2%

图 5.1.9 和图 5.1.10 是三种模型混淆矩阵的计算结果,可见支持向量

机模型的精确率、召回率和 F_1 值整体比决策树模型和随机森林模型要大。因此,在进行管廊接缝变形量模型计算时,支持向量机模型是三种机器学习模型中效果最好的。

5.1.5 研究小结

采用密集分布式光纤传感技术对管廊接缝的三维变形进行监测,建立了管廊接缝三维计算模型,并使用决策树算法、随机森林算法和支持向量机算法三种机器学习算法建立了水下管廊接缝变形量计算模型,得出以下结论。

(1)通过室内试验验证了光纤应变与管廊接缝三维计算模型的准确性,光纤应变的实测值与理论值误差小于 50 $\mu\varepsilon$,接缝变形误差小于 0.05 mm,可见管廊接缝光纤布设的方式是合理的,管廊接缝三维计算模型是准确的。

(2)支持向量机模型计算的管廊接缝变形量的准确率最高,决策树模型的准确率次之,随机森林模型的准确率最低。

(3)通过两级分类算法,可将管廊接缝变形量的计算精确到 0.05 mm,可见本研究提出的用于管廊接缝变形量计算的两级递进机器学习分类新算法是可行的、准确的。

5.2 基于应变敏感型光缆的管廊渗漏事件感知技术研究

5.2.1 研究概述

该类型光缆采用一种高吸水性聚合物作为光缆封装材料,该类材料具有大量亲水基团,有效提高了吸水能力,其吸水后溶胀产生的水凝胶能够保存水分,在受压条件下,水分不容易流出,在一定条件下可以实现消溶胀,干燥后,吸水能力可以恢复。

在以往的研究中,大多是利用高吸水性聚合物作为光缆阻水材料,将其置于光缆套管内,吸收水分,在吸水的过程中体积膨胀,阻止水分对光缆进一步的浸湿。本试验利用高吸水性聚合物吸水膨胀这一特性，通过 OFDR 技术监测应变异常区域，对渗漏点进行定位。本试验从渗漏速度、布设角度、预拉拉力和可重复利用性四个方面对光缆性能进行了测试。

5.2.2　基于高吸水性聚合物的应变敏感型光缆

　　本研究所采用的基于高吸水性聚合物的应变敏感型光缆，在金属铠装管外包裹了一层高吸水性聚合物组成的超吸水性纤维材料。该类聚合物是一种高分子材料，其内部浓度较高的离子性基团使其具备了高吸水性、高保水性和高膨胀性等特性。基于高吸水性聚合物的应变敏感型光缆如图 5.2.1 所示。

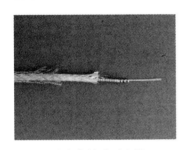
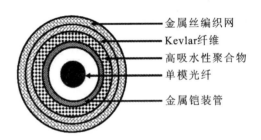

金属丝编织网
Kevlar纤维
高吸水性聚合物
单模光纤
金属铠装管

（a）应变敏感型光缆　　　　　　（b）应变敏感型光缆结构

图 5.2.1　基于高吸水性聚合物的应变敏感型光缆

　　用高吸水性聚合物作为最外层封装，均匀涂覆在纤维上，形成编织缠绕，使其包裹在金属铠装管外侧。在监测管廊渗漏时，渗漏事件使得渗漏点附近监测光缆上的高吸水性聚合物吸水发生膨胀变形，通过监测传感光缆的应变异常区域实现渗漏点的定位。基于高吸水性聚合物的应变敏感型光缆具体参数如表 5.2.1 所示。

表 5.2.1　基于高吸水性聚合物的应变敏感型光缆具体参数

光缆直径/mm	4.0
允许拉伸力/N	长期 200，短期 400
最小弯曲半径	动态 20D，静态 10D
工作温度/℃	−20～85

注：D 为光缆直径。

5.2.3　基本原理

本试验采用基于瑞利散射原理的 OFDR 技术实现连续测量光纤沿线任一点的应变情况。如图 5.2.2 所示,高吸水性聚合物均匀涂覆在金属铠装管外缠绕的纤维上,一方面增加了高吸水性聚合物与水接触的表面积,另一方面被高吸水性聚合物包裹的纤维的弹性模量会受到纤维含水率的影响,从而影响受力情况,造成定点光缆发生变形从而监测渗漏。

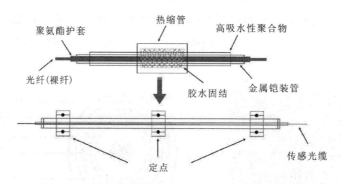

图 5.2.2　定点光缆结构图

该类型光缆为定点光缆,光纤外有多层封装起保护作用。内部传感光缆采用定点注胶的方式与金属铠装管固定在一起,在两个定点之间,传感光缆与金属铠装管处于松套状态,进而将变形均匀分布在两个定点之间,实现变形的分段获取。两定点间的传感光缆提前张拉,监测时,定点之间的传感光缆不受光缆周边环境的影响,只取决于两定点间的位移。定点相向位移,测得应变为负;相背位移,测得应变为正。其原理如图 5.2.3 所示。

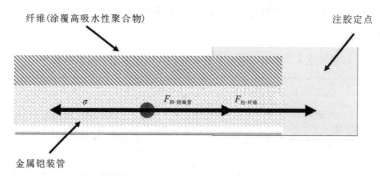

图 5.2.3　注胶定点附近金属铠装管受力分析

　　光缆受到预拉影响,拉动注胶定点有向左运动的趋势,定点对铠装管施加的向左的拉力 σ,源于定点光缆制作时的预拉。与此同时,铠装管受到自身提供的向右的阻力 $F_{阻-铠装管}$,铠装管相对纤维有向左运动的趋势,纤维对铠装管施加向右的拉力 $F_{拉-纤维}$。注胶定点对铠装管施加的向左的拉力 σ 与纤维对铠装管施加的向右的拉力 $F_{拉-纤维}$、铠装管自身产生的向右的阻力 $F_{阻-铠装管}$ 平衡,平衡方程为

$$\sigma = K(L - \Delta L) = K_n X + F_{阻-铠装管} \tag{5.2.1}$$

式中,σ 为平衡状态下定点对铠装管施加的拉力,随定点相对位移改变;K 为定点间光缆的弹性模量;K_n 为纤维的弹性模量,随吸水膨胀过程发生衰减;L 为定点间光缆长度;ΔL 为定点间相对位移;X 为纤维长度。

　　当渗漏水与传感光缆接触以后,涂覆在纤维上的高吸水性聚合物发生膨胀,对于纤维而言,聚合物转为溶胀态,纤维发生了"软化",溶胀态凝胶容易在高含水率时发生破碎,故而纤维的弹性模量 K_n 与纤维上高吸水性聚合物含水率负相关。随着渗漏事件进行,聚合物内含水率增加,纤维承受的拉力变小,两定点相向位移,产生压应变。在相向位移的同时,因为定点间光缆长度减小,所以定点间拉力同步减小。当定点间拉力减小到一定程度时,受力再次达到平衡。定点相向移动距离与纤维被浸湿部分长度有关,被浸湿部分长度越大,$F_{拉-纤维}$ 衰减越多,定点相向位移越大。

　　浸湿范围一定时,应变敏感型光缆在渗漏事件中检测到的应变变化受到高吸水性聚合物含水率影响,其含水率变化往往分为快速提高、缓慢变化、趋于稳定三个阶段。学者对不同颗粒直径的高吸水性聚合物材料吸水变化进行了归纳,其含水率变化时程曲线符合一定的指数关系,可近似描述为

$$A_t = A_{max}(1 - e^{-at}) \tag{5.2.2}$$

式中,A_t 为高吸水性聚合物在 t 时刻的含水率;A_{max} 为高吸水性聚合物最大含水率;a 为吸水系数,是描述吸水快慢的参数。

5.2.4　试验设计

　　本试验中除渗漏点外,其他位置光缆严格阻水,利用蠕动泵精准控制渗漏速度。利用分布式光纤传感仪进行应变测量,试验中空间分辨率为 5 mm。该系列试验中,除可重复利用性试验以外,每次试验均为应变敏感型光缆首

次吸水膨胀。试验中控制每次渗漏水水温相同,利用工业除湿机控制室内湿度为 42%,排除湿度对试验的影响。

渗漏速度采用蠕动泵控制,输水管内径为 1.6 mm,预试验确定了蠕动泵转速与渗漏速度之间的对应关系。光缆缠绕在 PVC 管上,避免出现过大弯折。试验装置如图 5.2.4 所示。

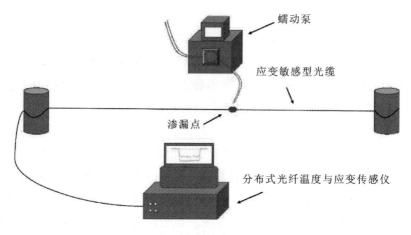

蠕动泵

应变敏感型光缆

渗漏点

分布式光纤温度与应变传感仪

图 5.2.4　试验装置

5.2.5　渗漏速度对光缆传感性能的影响

高吸水性聚合物变形只受到含水率影响,管廊渗漏事件中对渗漏速度的监测,实际上是对含水率变化速率的监测。在渗漏事件发生初期,通过应变敏感型光缆监测应变异常区域,确定疑似渗漏区域。可以根据最大应变变化值,对渗漏速度进行初步判定,以制定相应措施。

根据管廊防水等级中的最大允许渗漏量确定了试验中 4 种不同的渗漏速度:70 mL/min、20 mL/min、12 mL/min、4 mL/min。对不同渗漏速度条件下光缆测得应变的表现进行分析,试验结果如图 5.2.5 所示。

1.渗漏区域应变特征

连续渗漏 3 h,在 4 种不同的渗漏速度下,渗漏区应变为压应变,相较于未渗漏区应变变化明显,在图像上表现为凹槽区,这是由定点光缆测量特点所决定的。凹槽区为渗漏发生区域,在光缆两定点间,长约 1 m,实际测量渗漏点位置在凹槽区左端点附近。

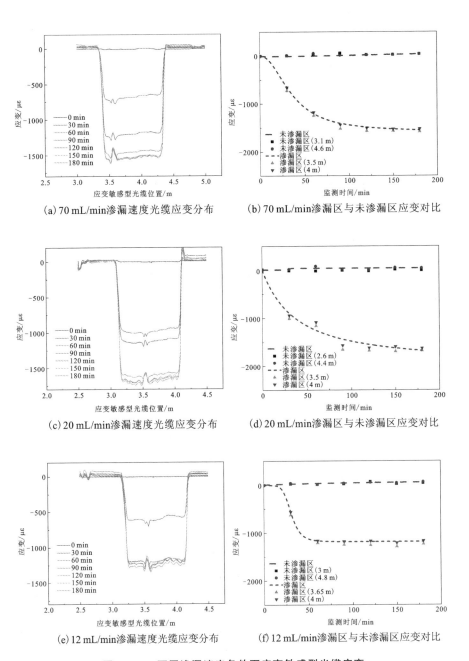

（a）70 mL/min渗漏速度光缆应变分布　　（b）70 mL/min渗漏区与未渗漏区应变对比

（c）20 mL/min渗漏速度光缆应变分布　　（d）20 mL/min渗漏区与未渗漏区应变对比

（e）12 mL/min渗漏速度光缆应变分布　　（f）12 mL/min渗漏区与未渗漏区应变对比

图 5.2.5　不同渗漏速度条件下应变敏感型光缆应变

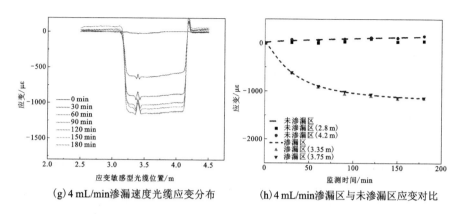

(g)4 mL/min渗漏速度光缆应变分布　　(h)4 mL/min渗漏区与未渗漏区应变对比

续图 5.2.5

2.应变与渗漏速度的关系

图 5.2.6 反映了不同渗漏速度下,图像中凹槽区左端点位置处(实测位置,最靠近实际渗漏点)应变变化规律。

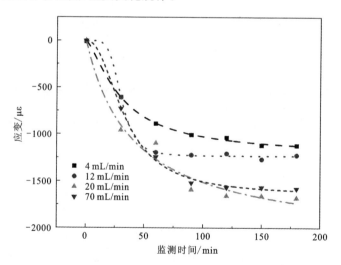

图 5.2.6　不同渗漏速度下单点应变

20 mL/min 渗漏速度所引起的应变最大,70 mL/min 次之。12 mL/min 与 4 mL/min 渗漏速度下,最大应变随渗漏速度降低而减小。在前 30 min 内,20 mL/min 渗漏速度下应变变化值最大,当渗漏速度增加至 70 mL/min 时,应变最大值不升反降,只是略高于渗漏速度为 4 mL/min 与 12 mL/min 时的应变最大值。

在不同渗漏速度下,产生的压应变随渗漏事件发展趋于平衡。取渗漏180 min时凹槽区内压应变的平均值作为该渗漏速度下所产生的平均应变,不同渗漏速度下的应变情况如图5.2.7所示。

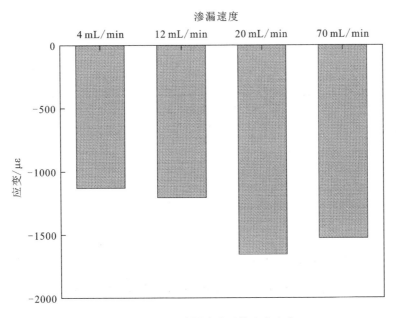

图 5.2.7 不同渗漏速度下的应变大小

随渗漏速度增加,所引起的应变最大值并非单调递增,相反存在减小的趋势。这可能是因为渗漏速度较高时,对涂覆在纤维上的高吸水性聚合物有着较强的冲刷,容易造成聚合物流失,使得应变值减小。推测在整个渗漏过程中,存在一个使得应变值变化最明显的渗漏速度,在该速度下,聚合物流失与应变变化值达到平衡,应变值将达到最大。

综上所述,当渗漏速度较低时,应变变化值与渗漏速度基本正相关。当渗漏速度较高时,对高吸水性聚合物的冲刷增强,会制约应变的变化。

关于渗漏时对聚合物的冲刷造成的应变值减小,试验中有其他现象可说明这一点。在每一次渗漏速度试验的应变凹槽区内,均出现了一个"上凸峰",如图5.2.8所示。这是因为毛细作用输水距离有限,聚合物输送水分距离渗漏点一定位置时,渗漏水运动趋势减弱,在此位置聚集而后滴落,受渗漏的冲刷作用,聚合物流失造成传感光缆受压程度略有降低,因此出现了一个小的"上凸峰"。

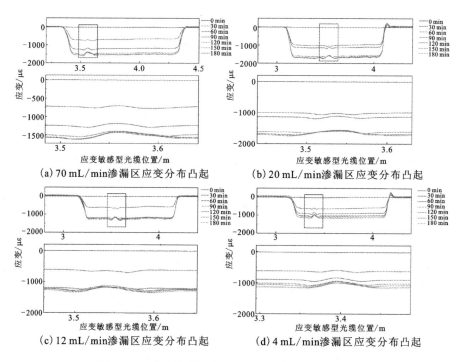

(a) 70 mL/min渗漏区应变分布凸起　　　(b) 20 mL/min渗漏区应变分布凸起

(c) 12 mL/min渗漏区应变分布凸起　　　(d) 4 mL/min渗漏区应变分布凸起

图 5.2.8　高吸水性聚合物受到冲刷形成的应变凸起

3. 应变变化值与时间的关系

如图 5.2.9 所示,渗漏事件发生的 90 min 内应变变化迅速,且在 90 min 左右基本出现了渗漏事件的明显特征,具备识别渗漏条件。在此之后应变变化速率下降,在渗漏速度未发生改变的情况下,应变变化值逐步趋于稳定。

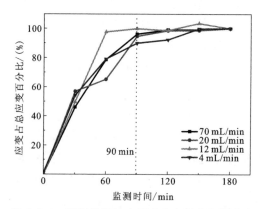

图 5.2.9　不同渗漏速度下应变占总应变百分比

5.2.6　预拉拉力对光缆传感性能的影响

该类型光缆是通过定点的相对位移,使得光缆产生压缩或者拉伸从而测量应变的。在实际布设光缆过程中,往往需要施加一定程度的拉力,使得光缆能够贴合管廊内壁。光缆受到的预拉拉力与纤维对金属铠装管施加的拉力同方向。当纤维被浸湿以后,纤维衰减的拉力会由预拉拉力承担一部分,定点的相向位移受到限制,进而对应变产生影响。

如图 5.2.10 所示,试验中使用布基胶带将光缆与吊秤固定,最大限度避免了光缆在受到拉力时发生弯折而产生过高光损。试验中利用砝码荷载提供预拉拉力,共施加三级荷载提供预拉拉力,分别为低荷载(0.417 kg)、中荷载(0.824 kg)、高荷载(1.115 kg),试验结果如图 5.2.11 所示。

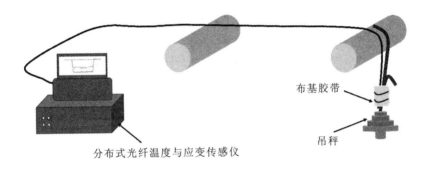

布基胶带

吊秤

分布式光纤温度与应变传感仪

图 5.2.10　通过砝码荷载施加预拉拉力

在不同荷载条件下,取渗漏 180 min 时凹槽区内压应变的平均值作为该荷载条件下所产生的平均应变。低荷载下,产生的平均应变为 $-1417\ \mu\varepsilon$;中荷载下,产生的平均应变为 $-1473\ \mu\varepsilon$;高荷载下,产生的平均应变为 $-1058\ \mu\varepsilon$。

三级荷载均在 20 mL/min 渗漏速度下进行试验,当光缆受到荷载预拉时,浸湿后产生的最大应变会受到影响。在高荷载下,浸湿产生的应变相较于低、中两级荷载明显变小。如图 5.2.12 所示,取凹槽区左端点(实测位置,最靠近实际渗漏点)对比不同荷载条件下应变变化情况,随荷载增加,最大应变值有所降低。

在本试验中,因为预拉拉力梯度不够精细,所以仅能从定性的角度分析预拉拉力与应变之间的关系。推测施加预拉拉力时,存在某一界限值,在界限值以内,预拉拉力仅承担部分纤维拉力,不会使得定点有向预拉拉力同方

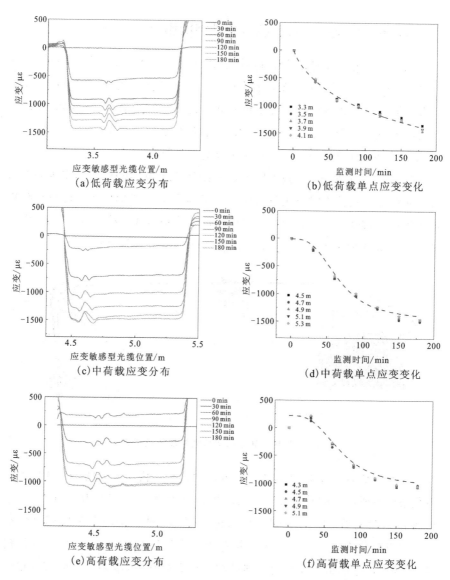

图 5.2.11　不同荷载渗漏区应变分布与单点应变变化

向运动的趋势,应变最大值受荷载影响较小,如低、中两级荷载所示情形。高荷载情形下,光缆浸湿一段时间后,才出现应变,推测当荷载超出界限值后,定点可能发生相背位移,光缆先产生拉应变,对浸湿产生的压应变有所抵消,总应变变化小,随浸湿程度持续增加,压应变增加,应变最大值受荷载影响较大。

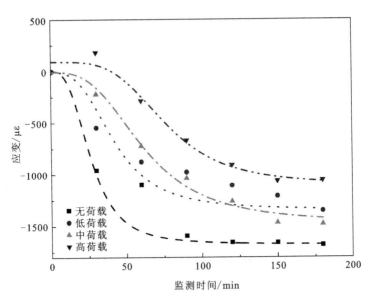

图 5.2.12 不同荷载条件下单点应变

5.2.7 布设角度对光缆传感性能的影响

因为渗漏初期渗水量较小且渗漏点具有隐蔽性，测量光缆在直拉的情况下，与渗漏水接触面积有限，容易因为现象不明显而漏检，所以在工程实践中，光缆布设需要设置一定角度，使得渗漏水能够沿着光缆下滑一段距离，增加被浸湿的范围，这样有助于及时发现管廊渗漏事件。

如图 5.2.13 所示，试验中设置了 0°、30°、60°三种不同的角度，悬空部分光缆长度相同，探究不同布设角度与浸湿范围、应变最大值间的关系，试验结果如图 5.2.14 所示。

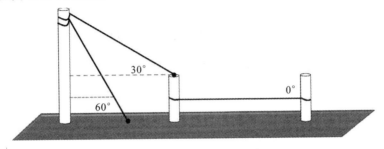

图 5.2.13 不同布设角度示意图

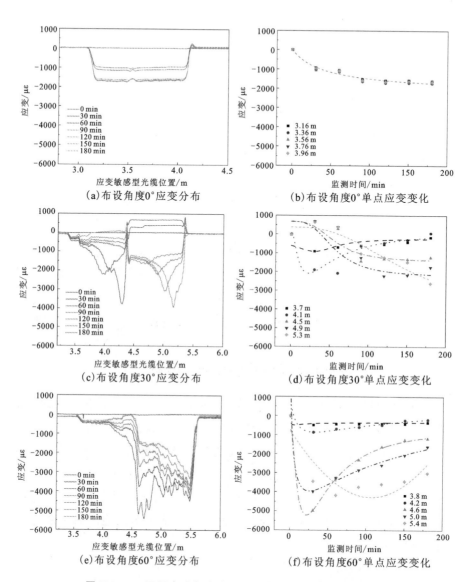

图 5.2.14　不同布设角度渗漏区应变分布与单点应变变化

该光缆为定点光缆,布设角度为 0°时,浸湿范围扩大仅靠毛细作用,单个固定渗漏点,被浸湿聚合物较少,产生的应变相较于存在布设角度时较小,峰值应变为 −1750 $\mu\varepsilon$。布设角度为 30°与 60°时,在重力作用下,浸湿范围明显增加,影响多个定点范围,峰值应变增加。当布设角度为 30°时,峰值应变为 −3936 $\mu\varepsilon$;当布设角度为 60°时,峰值应变为 −5410 $\mu\varepsilon$。如图 5.2.14(c)、

图 5.2.14(e)所示,布设角度为 30°与 60°的光缆在约 4.5 m 处存在一处应变拐点,为定点位置处。

在 180 min 的试验中,只有布设角度为 60°时,光缆全部被浸湿,因此,布设角度为 60°的光缆峰值应变最大。该峰值应变在渗漏开始 30 min 光缆全部被浸湿以后达到,此后应变开始减小。布设角度为 0°与 30°时,试验结束时光缆并未全部被浸湿,峰值应变多在 180 min 左右时出现。

如图 5.2.14(d)、图 5.2.14(f)所示,在一些位置处,应变在试验后期减小,并非增加到一定程度后保持相对稳定。这是因为聚合物在吸水饱和,$F_{拉-纤维}$ 达到最小值以后,部分光缆吸水重量增加,在重力作用下,产生了拉力,抵消了部分压应变,所以出现了应变回弹现象。

5.2.8 可重复利用性

管廊正常运营后,频繁更换监测光缆是不现实的,且管廊内湿度较大,会对监测产生影响,因此管廊渗漏监测光缆应具备一定的可重复利用性。应变敏感型光缆上涂覆的高吸水性聚合物是一种吸水树脂材料,吸水后变为树脂凝胶,其吸收大量的自由水储存在聚合物内,只有极少部分为结合水状态。被大量吸收的自由水是通过高分子网络的物理吸附固定的,由于自由水吸附这一过程是可逆的,所以树脂凝胶在干燥后,吸水能力可以恢复。

在使用高吸水性聚合物对光缆进行加工以后,光缆在管廊渗漏事件中的可重复利用性事关工程应用,因此有必要进行重复性试验研究。图 5.2.15 所示为 4 次循环试验应变敏感型光缆吸水后的状态,渗漏点严格控制在两标记点范围内某处(使用标记确定每次渗漏位置一致),且在每次循环结束后,使用风扇对光缆进行风干至少 8 小时。

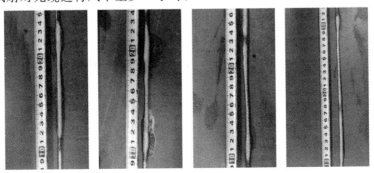

图 5.2.15 4 次循环试验应变敏感型光缆吸水后的状态

从试验结果可以看出在循环试验中,光缆保持了一定的可重复利用性,第四次循环前,因为跳线损坏,进行熔接以后有光缆损失,故而现象位置相对前三次循环出现改变,但是渗漏点位置没有发生变化。

图 5.2.16 所示为循环中应变-位置分布。每次循环都会对光缆产生一定程度的冲刷,在这个过程中,会损失一部分高吸水性聚合物,因此渗漏产生的应变值存在衰减。但因为涂覆高吸水性聚合物的纤维本身也具有一定的输水能力,随着试验进行,会通过毛细作用,在定点间增加浸湿范围,聚合物的持续变形改变定点间的受力平衡,故而表现出一定的可重复利用性。

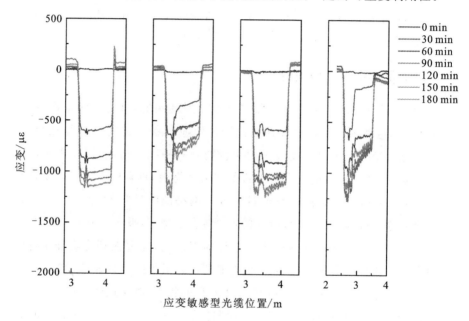

图 5.2.16 循环中应变-位置分布

在应变凹槽区内以固定间隔取 3.3 m、3.5 m、3.7 m 三处位置点,其应变-时间曲线如图 5.2.17 所示。在 3.3 m 处,各循环中压应变接近。在 3.5 m 与 3.7 m 处,第 2 次循环和第 4 次循环中压应变较小。推测是因为定点在相向位移的过程中,对光缆的压缩不均匀,造成定点间凹槽区形状发生变化。此外,在风干过程中,依靠手感判断干燥与否存在误差,会对定点间的应变分布产生影响。

应变分布不均匀并不影响渗漏事件监测,如果渗漏事件在定点间能够产生明显应变区,即可将其作为特征识别渗漏。

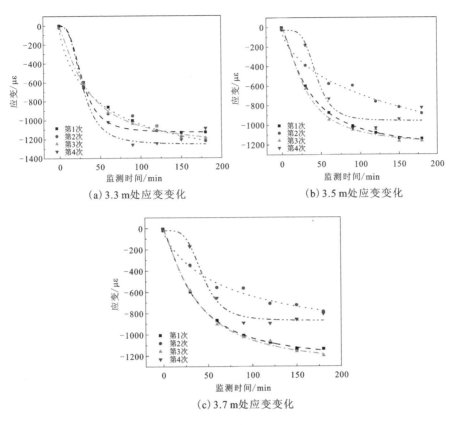

（a）3.3 m处应变变化   （b）3.5 m处应变变化

（c）3.7 m处应变变化

图 5.2.17 单点应变-时间曲线

分别对 4 次循环中应变敏感型光缆在 0～60 min、60～120 min、120～180 min 三个时间段内的应变变化情况进行分析，如图 5.2.18 所示。在循环中，光缆在渗漏事件前 60 min 内，几乎达到单次渗漏事件最大应变值。在各循环的三个时间段，应变变化值接近，证明该类型光缆具有一定的可重复利用性。

考虑到实际应用中，这种吸水能力存在衰减，其一是因为在渗漏过程中，渗漏水会逐步带走部分聚合物，降低吸水性能，其二是因为在每次渗漏过程中，聚合物都发生化学吸附，而这一过程是不可逆的，所以在实际使用过程中，该类型光缆表现出来的可重复利用性存在最大使用限度，应通过更多试验进行性质研究。

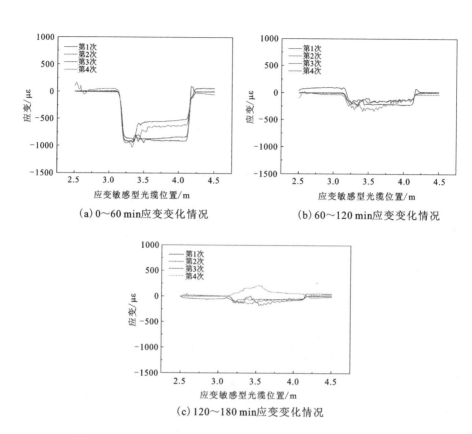

（a）0～60 min 应变变化情况   （b）60～120 min 应变变化情况

（c）120～180 min 应变变化情况

图 5.2.18   0～60 min、60～120 min、120～180 min 应变变化情况

5.2.9   误差分析与定位

应变敏感型光缆为定点光缆，渗漏点引起的应变发生在两定点间，故而在实际监测中，定位精度受到定点间距离的制约。在本试验中，尝试在两定点间精确定位渗漏点，一方面通过皮尺在光缆上测量渗漏点位置，另一方面根据高吸水性聚合物被冲刷造成的"上凸峰"结合光缆"微弯"试验进行定位。

如表 5.2.2 所示，对渗漏点实际位置与 OFDR 技术定位位置进行比较，OFDR 技术表现出很好的定位性能，再一次证明了 OFDR 技术在分布式光纤监测方面的定位优势，在准确识别渗漏发生的定点位置的基础上，可以通过"上凸峰"的存在实现高精度的渗漏点定位。

表 5.2.2　实际测量结果与 OFDR 技术测量结果比较

试验编号	光缆总长度/cm	跳线长度/cm	渗水位置/cm	OFDR定位位置/cm	误差/cm	误差率
1	405	226	334	338	4	1%
2	443	225	511	496	15	3%
3	409	250	534	518	16	4%
4	410	252	373	372	1	0%
5	436	253	439	430	9	2%
6	384	192	275	275	0	0%
7	410	252	568	550	18	4%

注：表格中"误差"取绝对值。

5.2.10　研究小结

利用光纤传感技术对研发的基于高吸水性聚合物的应变敏感型光缆从渗漏速度、预拉拉力、布设角度与可重复利用性四个方面探究了该类型光缆在渗漏监测方面的可行性，并从封装结构建立模型分析了现象，得到以下结论。

(1)该类型光缆在渗漏事件中产生压应变，且产生的应变只与高吸水性聚合物吸水变形有关，压应变在渗漏事件发生后 90 min 左右接近最大值。应变最大值受渗漏速度影响，该影响在一定范围内与渗漏速度正相关，当渗漏速度超过一定范围后，会对高吸水性聚合物产生冲刷，影响应变值大小，可以通过应变变化值大致估算渗漏速度。

(2)布设预拉产生的拉力与纤维对金属铠装管的拉力同方向，可以补偿部分因为纤维浸水软化后减小的拉力，会对渗漏产生的最大应变产生影响。工程实际布设要注意预拉拉力的大小，避免对渗漏监测造成影响。

(3)布设角度可以增加光缆浸湿范围，如果布设角度过大，光缆浸湿范围增加，高吸水性聚合物吸水增加了光缆重量，产生拉应变，会使得渗漏产生的压应变部分被抵消。同时大部分光缆被浸湿，对光缆的使用寿命也会产生影响。因此，在布设过程中，要选择合适的角度，在增强现象的同时，避免单次渗漏使得光缆大范围被浸湿。

(4)高吸水性聚合物在一定条件下可以实现消溶胀，干燥以后，吸水能力可以恢复。但是在渗漏事件监测中,要考虑到涂覆的高吸水性聚合物在渗漏事件中的损失。应变敏感型光缆可重复利用性在本研究的循环试验中有良好的表现,但是要获取使用极限,应开展更多试验。

5.3 差异沉降传感器设计与优化

对原有的浮筒式静力水准传感器进行了原理性改进,采用压差式结构进行传感,将传感器体积缩小了一半,并且传感器在管廊内的安装更加方便。管廊差异沉降压差计适合于监测沿线上多点相对沉降量的大小,即各测点的垂直位移相对于基准点的变化,从而可以同时监测沿线长度方向连续多点的竖向位移变化情况。

5.3.1 设计及生产工艺

差异沉降压差计采用压差式设计,通过水位高度差产生的压力对光纤光栅波长的影响来测量静力水准仪相对于基准水面的沉降量(见图5.3.1)。其参数如表5.3.1所示。

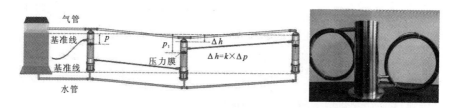

图 5.3.1 差异沉降压差计设计原理及改进后的差异沉降压差计

表 5.3.1 差异沉降压差计参数

测量范围/mm	$-50\sim50$(可超 50%量程)
精度/mm	0.1
分辨率/mm	0.025
外形尺寸/mm	$\phi65\times169$
工作温度/℃	$-20\sim80$

生产工艺如下:外观及公差检查—清洗—压力膜表面打磨—贴光栅—刷胶—高温烘烤—装配。

5.3.2　测试结果与效果检验

经测试发现,差异沉降压差计测得波长与竖直抬升距离存在良好的线性关系(见图5.3.2),经标定校准计算后所得每级抬升计算距离与每级抬升实际距离基本一致,测量精度可达0.1 mm(见表5.3.2)。

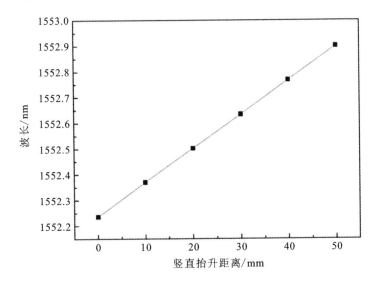

图 5.3.2　波长与竖直抬升距离之间的关系

表 5.3.2　差异沉降压差计精度试验结果

竖直抬升 距离/mm	波长/nm	每级抬升 实际距离/mm	每级抬升 计算距离/mm	误差/mm
0	1552.236			
10	1552.370	10	10.08	−0.08
20	1552.502	10	9.93	0.07
30	1552.634	10	9.94	0.06
40	1552.768	10	10.07	−0.07
50	1552.901	10	10.01	−0.01

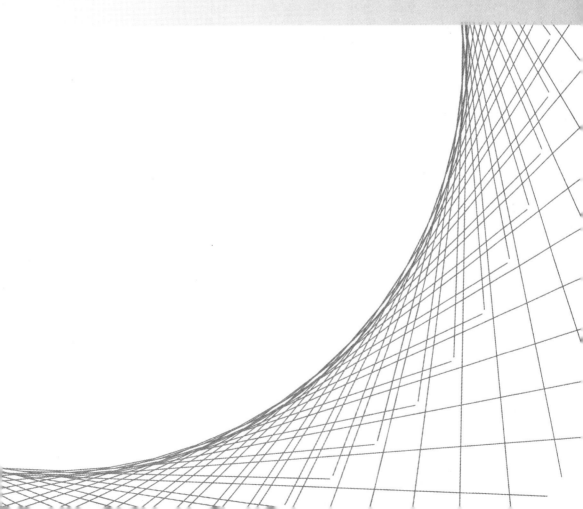

第六章 分散型点式管廊环境多要素监测研究

6.1 有毒有害气体监测传感器研发

设计的有毒有害气体监测传感器是基于分子振动和转动吸收谱与光源发光光谱间的光谱一致性的传感器。当光通过某种介质时,即使不发生反射、折射和衍射现象,其传播情况也会发生变化。这是因为光频电磁波与组成介质的原子、分子发生作用,使得光被吸收和散射而产生衰减。由于气体分子对光的散射很微弱,所以衰减主要由吸收这一过程产生,散射可以忽略。利用介质对光的吸收而使光产生衰减这一特性制成吸收型光纤气体传感器。有毒有害气体监测传感器原理如图 6.1.1 所示。

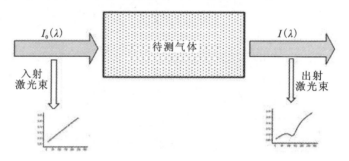

图 6.1.1 有毒有害气体监测传感器原理

光谱吸收法所依据的主要定律是朗伯比尔定律。根据朗伯比尔定律,当一束光强为 $I_0(\lambda)$ 的平行光通过装有待测气体的气室时,如果光源光谱覆盖一个或多个该气体的吸收谱线,则透射光强 $I(\lambda)$ 与入射光强 $I_0(\lambda)$ 及气体浓度 C 之间的关系为

$$I(\lambda) = I_0(\lambda)\exp[-\alpha(\lambda)CL] = I_0(\lambda)\exp[-PS(T)\varphi(\lambda)CL]$$

$$(6.1.1)$$

其中,$\alpha(\lambda)$ 为介质的吸收系数;L 为光吸收气体的长度;$S(T)$ 为气体特征谱线的强度,它表示谱线的吸收强度,只与温度有关;P 为气体介质的总压力;C 为气体的体积浓度;$\varphi(\lambda)$ 为线型函数,它表示被测吸收谱线的形状,与温度、总压力和气体中的各成分含量有关,一般常用的三种线型函数为 Lorentz 线型函数、Gauss 线型函数和 Voigt 线型函数。

対等式両辺進行対数運算後在整個頻域内進行積分，可得

$$PCS(T)L = \int_{-\infty}^{+\infty} -\ln(\frac{I}{I_0})\mathrm{d}\lambda = A \qquad (6.1.2)$$

因此，気体濃度可以直接通過下式計算得到：

$$C = \frac{\int_{-\infty}^{+\infty} -\ln(\frac{I}{I_0})\mathrm{d}\lambda}{PS(T)L} = \frac{A}{PS(T)L} \qquad (6.1.3)$$

在知道総圧力、気体特征譜線強度、光吸収気体的長度等参数的情况下，将 $-\ln(\frac{I}{I_0})$ 在頻域上的積分値代入式(6.1.3)中，就可以得到気体濃度。

有毒有害気体監測伝感器実物図和設計図如図6.1.2所示，技術参数如表6.1.1所示。

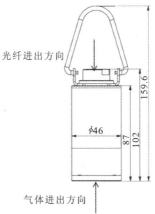

光纤進出方向

气体進出方向

图 6.1.2　有毒有害气体監測传感器实物图和设计图

表 6.1.1　有毒有害气体監測传感器技术参数

監測气体	甲烷
原理类型	激光光谱吸收
量程	0～100%
精度	±4%
响应时间	<10 s
动态范围	10 dB

6.2 基于湿敏材料涂覆的湿度传感器研发

6.2.1 研究概述

光纤光栅对湿度变化敏感性很差,导致波长漂移很小。为了有效地对湿度传感,需要在光纤的外表面涂覆一层湿敏材料。当湿度变化时,光纤表面涂层湿敏材料膨胀,引起光纤光栅的应变响应,这样可把对湿度传感的问题转化为光纤光栅对应变的响应问题。

聚酰亚胺是一类高分子材料,其特征是主链上含有酰亚胺环。聚酰亚胺具有很多优良的特性,它可以耐 400 ℃ 的高温、抗辐射性强、耐磨性好。作为湿敏材料,聚酰亚胺具有良好的线性膨胀性,在高湿度和低湿度情况下都具有很好的感湿特性。

根据高分子吸附理论,湿敏材料吸附水分子的原理是湿敏材料内部带极性的分子与水分子中的极性分子相互作用。在聚酰亚胺酸热固化合成聚酰亚胺的过程中,聚酰亚胺酸中的大部分羧基通过与其他基团生成新的化学键而达到平衡,留有少量的羧基处于化学不平衡状态。通过控制聚酰亚胺酸的热固化过程,可以进一步控制聚酰亚胺中羧基的残余量,从而实现对聚酰亚胺湿度敏感特性的控制。

6.2.2 基本原理

根据耦合波理论,光束进入光纤后,经过 FBG 的作用后具有特定波长的光可以反射,而其他波长的光会透射出去。反射光的波长被称作布拉格波长或中心波长,其值 λ_B 与光纤纤芯的有效折射率和栅距有关。

$$\lambda_B = 2nd \tag{6.2.1}$$

式中,λ_B 为布拉格波长,n 为光纤纤芯的有效折射率,d 为栅距。

外界的温度、应力改变都会使反射光的中心波长发生变化。也就是说,光纤光栅反射光中心波长的变化反映了外界被测信号的变化情况。光纤光栅反射光的中心波长与温度和应变的关系为

$$\frac{\Delta\lambda_B}{\lambda_B} = (\alpha + \xi)\Delta T + (1 - P_c)\varepsilon \tag{6.2.2}$$

式中，α 为光纤的热膨胀系数，ξ 为光纤的热光系数，P_c 为光纤的光弹系数。

把湿敏材料涂覆的光纤光栅置于一定湿度下，湿敏材料吸湿后膨胀会引起光纤光栅的应变，把此应变称为湿应变，可表示为

$$\varepsilon_M = \int_0^{\Delta H} \beta(H, T) \mathrm{d}H \qquad (6.2.3)$$

式中，ΔH 为湿度变化量，$\beta(H, T)$ 为湿敏材料涂覆的光纤光栅的湿膨胀系数。

由弹性理论可知

$$\beta(H, T) = \beta_M \left(1 - \frac{C_0\, E_F\, V_F}{E_M\, V_M}\right) \qquad (6.2.4)$$

式中，β_M 为湿敏材料的湿膨胀系数，V_M 为湿敏材料的体积，E_M 为湿敏材料的弹性模量，V_F 为光纤光栅的体积，E_F 为光纤光栅的弹性模量，C_0 为湿敏材料与光纤光栅的黏结系数。

由式（6.2.3）和式（6.2.4）得

$$\varepsilon_M = \beta_M \left(1 - \frac{C_0\, E_F\, V_F}{E_M\, V_M}\right) \Delta H \qquad (6.2.5)$$

令 $C_1 = 1 - \dfrac{C_0\, E_F\, V_F}{E_M\, V_M}$，则上式可简化为

$$\varepsilon_M = \beta_M C_1 \Delta H \qquad (6.2.6)$$

由上面的公式即可根据光纤光栅中心波长的变化量求得湿度的变化量。

然而在测量湿度的过程中，环境的温度经常不是恒定的，温度的变化也会导致光纤光栅中心波长的变化，因此在湿度测量过程中需要剔除由温度导致的中心波长变化量，即进行温度补偿。

温度变化时湿敏材料的热膨胀对光纤光栅产生的应变为

$$\varepsilon_T = (\alpha_M - \alpha_F) \Delta T \qquad (6.2.7)$$

式中，α_M 为湿敏材料的热膨胀系数，α_F 为光纤光栅的热膨胀系数。

由式（6.2.2）、式（6.2.6）、式（6.2.7），得

$$\frac{\Delta \lambda_B}{\lambda_B} = (1 - P_c) \beta_M C_1 \Delta H + \left[(1 - P_c)(\alpha_M - \alpha_F) + (\alpha + \xi)\right] \Delta T$$

$$(6.2.8)$$

于是有下式给出：

$$\frac{\Delta \lambda_B}{\lambda_B} = K_M \Delta H + K_T \Delta T \qquad (6.2.9)$$

式(6.2.9)为在不考虑温度、湿度耦合对光纤光栅中心波长变化量的影响时,在湿度、温度的共同作用下,有机改性陶瓷和聚酰亚胺涂覆的光纤光栅中心波长的变化量与湿度、温度之间的关系。由式(6.2.9)可知,在已知光纤光栅中心波长变化量及环境温度变化量时,可求出湿度的变化量。

6.2.3　湿度传感器研发试验

1.光纤光栅湿度传感器设计制作

不锈钢棒的性质稳定,在潮湿环境下不会锈蚀,热膨胀系数比铁、铝小,因此,选用不锈钢棒作为传感器的结构基材。用高温胶带将不同湿敏材料涂覆的光纤固定在不锈钢棒上,制作了3个传感器。光纤光栅湿度计结构示意图如图6.2.1所示。制作完成的光纤光栅湿度传感器如图6.2.2所示。

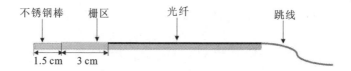

不锈钢棒　　栅区　　　　　光纤　　　　　　　　　跳线

1.5 cm　3 cm

图6.2.1　光纤光栅湿度计结构示意图

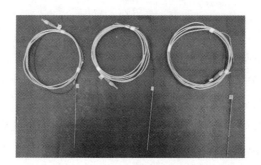

图6.2.2　制作完成的光纤光栅湿度传感器

2.控湿箱的制作

本次试验选用氯化锂(LiCl)、醋酸钾(CH_3COOK)、氯化镁($MgCl_2$)、碳酸钾(K_2CO_3)、溴化钠(NaBr)、氯化钠(NaCl)、氯化钾(KCl)、硫酸钾(K_2SO_4)这八种盐,它们的饱和盐溶液在不同温度下的相对湿度如表6.2.1所示。在配制盐溶液时,固体量要多一些,以防止温度升高、溶解度增大变为非饱和溶液,搅拌应当充分。饱和盐溶液如图 6.2.3 所示。

表 6.2.1　不同温度下饱和盐溶液的相对湿度

温度/℃	LiCl/(%RH)	CH₃COOK/(%RH)	MgCl₂/(%RH)	K₂CO₃/(%RH)	NaBr/(%RH)	NaCl/(%RH)	KCl/(%RH)	K₂SO₄/(%RH)
10	11.29± 0.41	23.38± 0.53	33.47± 0.24	43.14± 0.39	62.15± 0.60	75.67± 0.22	86.77± 0.39	98.18± 0.76
20	11.31± 0.31	23.11± 0.25	33.07± 0.18	43.16± 0.33	59.14± 0.44	75.47± 0.14	85.11± 0.29	97.59± 0.52
25	11.30± 0.27	22.51± 0.32	32.78± 0.16	43.16± 0.39	57.57± 0.40	75.29± 0.12	84.34± 0.26	97.30± 0.45
30	11.28± 0.24	—	32.44± 0.14	—	56.03± 0.38	75.09± 0.11	83.62± 0.25	97.00± 0.40
40	11.21± 0.21	—	31.60± 0.13	—	53.17± 0.41	74.68± 0.13	82.32± 0.25	96.41± 0.38
50	11.10± 0.22	—	30.54± 0.14	—	50.93± 0.55	74.43± 0.19	81.20± 0.31	95.82± 0.45
60	10.95± 0.26	—	29.26± 0.18	—	49.66± 0.78	74.50± 0.30	80.25± 0.41	—

图 6.2.3　本试验中使用的饱和盐溶液

为了确定控湿箱内的湿度大小,引入一个精度达 1.5%RH 的电子湿度计,将电子湿度计的读数看作真实湿度值。控湿箱示意图和实物图如图 6.2.4 所示。

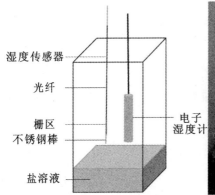

湿度传感器

光纤

栅区
不锈钢棒

盐溶液

电子
湿度计

图6.2.4　控湿箱示意图和实物图

3.湿度计性能测试

为了测定温度对湿度灵敏度系数的影响程度,使温度从 10 ℃开始升高,每次升高 10 ℃,由于热熔胶的熔点在 65～85 ℃范围内,故最高温度设置为 60 ℃,测量不同温度下不同控湿箱中的光纤光栅湿度计的波长。

将有机改性陶瓷湿度计和聚酰亚胺湿度计放入某一低湿度环境中稳定后读取波长,然后将其放入某一高湿度环境,解调仪每隔 5 s 记录一次波长直至波长稳定,从而记录响应过程。采用相同的测试方法记录湿度从高到低的完整数据,绘制曲线。

在环境温度为 25 ℃时,将光纤光栅湿度计置于控湿箱中,通过更换盐溶液使控湿箱内的湿度依次上升再依次降低,构成一个升降湿循环,重复该循环多次,计算重复性误差。光纤光栅湿度计在使用时可能会有凝结水存在,为了研究湿度计的耐水性,将其浸水 5 天,将浸水后的传感器重新标定,与浸水前的传感器标定结果对比。

6.2.4　试验数据分析

1.25 ℃时不同湿度计在升降湿过程中的波长变化

对 FBG 湿度计所测得的数据进行温度补偿后,试验结果如表 6.2.2 所示。

表 6.2.2　不同湿度下的波长

盐溶液	相对湿度/（%RH）	1 号湿度计波长/nm	2 号湿度计波长/nm	3 号湿度计波长/nm
CH₃COOK	34.4	1533.9610	1530.1515	1545.9549
MgCl₂	47.7	1533.9832	1530.1720	1545.9760
LiCl	37.7	1533.9647	1530.1556	1545.9594
K₂CO₃	54.3	1533.9918	1530.1823	1545.9872
NaBr	60.7	1534.0087	1530.1945	1545.9995
KCl	81.6	1534.0463	1530.2317	1546.0371
K₂SO₄	90.7	1534.0692	1530.2565	1546.0602
KCl	83.8	1534.0535	1530.2422	1546.0431
NaBr	62.7	1534.0091	1530.1983	1546.0018
K₂CO₃	58.4	1533.9994	1530.1910	1545.9923
LiCl	57.3	1533.9991	1530.1895	1545.9911
MgCl₂	50.9	1533.9878	1530.1791	1545.9806
CH₃COOK	36.2	1533.9602	1530.1551	1545.9558

根据表 6.2.2 的数据,绘制出聚酰亚胺涂覆的 FBG 湿度计在升湿和降湿过程中的波长变化量与湿度的关系,如图 6.2.5 所示。

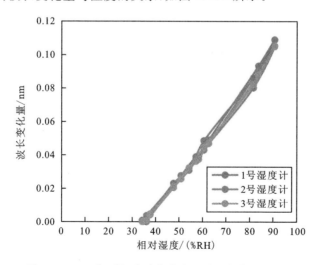

图 6.2.5　25 ℃时湿度计在升降湿过程中的波长变化

由图6.2.5可知,在34.4%~90.7%RH范围内,3个湿度计的波长随着湿度的增加而增加,且线性关系较明显。3个湿度计的迟滞误差依次为1.56%、2.66%、0.64%,平均值为1.62%,升、降湿两条曲线近乎重合,基本无湿滞性。分别绘制升湿和降湿过程中波长与湿度的拟合曲线,如图6.2.6和图6.2.7所示。

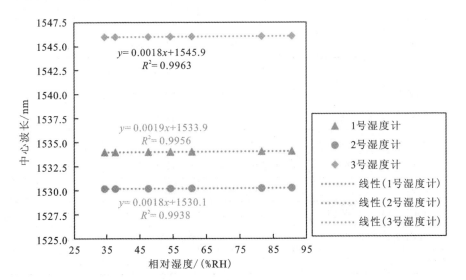

图6.2.6 升湿过程中湿度计的波长与湿度的拟合曲线

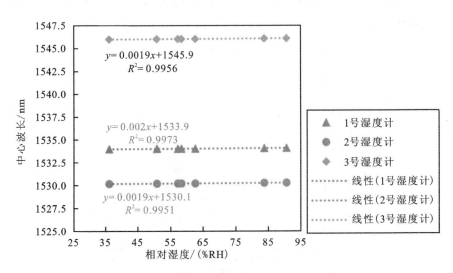

图6.2.7 降湿过程中湿度计的波长与湿度的拟合曲线

由图 6.2.6 和图 6.2.7 可知,在 34.4%～90.7%RH 范围内,升湿和降湿过程中湿度计的波长与湿度的关系可用直线拟合,且拟合程度较高,3 个湿度计的灵敏度系数接近。对升湿和降湿过程中各湿度计拟合曲线的斜率和相关系数进行统计,统计结果如表 6.2.3 所示。

表 6.2.3　不同湿度计中心波长与湿度拟合曲线的斜率和相关系数

湿度计	升湿		降湿	
	斜率 k	相关系数 R^2	斜率 k	相关系数 R^2
1 号湿度计	0.0019	0.9956	0.002	0.9973
2 号湿度计	0.0018	0.9938	0.0019	0.9951
3 号湿度计	0.0018	0.9963	0.0019	0.9956

由表 6.2.3 可知,3 个湿度计线性拟合的效果很好,相关系数均大于0.99,其中,2 号湿度计线性拟合的相关系数与 1 号和 3 号湿度计线性拟合的相关系数相比略有降低。湿度计的灵敏度系数约为 1.8 pm/%RH,湿度变化 1%RH,光纤光栅波长漂移量为 1.8 pm,这大约相当于温度变化 0.18 ℃或者发生 1.8 με 的应变。

2. 不同湿度条件下 3 个湿度计波长随温度的变化

通常环境中湿度和温度会同时变化,为了消除温度对湿度计测量结果的影响,确定湿度计的温度传感特性,将湿度计放置在盛有 LiCl、$MgCl_2$、NaBr、NaCl 四种盐溶液的控湿箱中,记录温度为 10～60 ℃时的稳定波长。随着温度变化,控湿箱内的湿度也会发生变化,需根据上述的湿度灵敏度系数进行湿度补偿,将不同湿度下波长随温度的变化情况绘制成图表。

由图 6.2.8 至图 6.2.11 可以看出,光纤光栅湿度计的中心波长与温度具有较好的线性关系。由表 6.2.4 可以看出,光纤光栅湿度计的温度灵敏度系数大于光纤布拉格光栅的温度灵敏度系数,这主要是因为涂覆材料的热膨胀程度高于光纤布拉格光栅,使得 FBG 产生更大的变形,所测得的波长变化更大,灵敏度系数也更大。由表 6.2.4 还可以看出,光纤光栅湿度计的温度灵敏度系数在不同湿度环境下变化不大,因此,在某一湿度下测得的温度灵敏度系数可以用于该湿度计在各个湿度下进行温度补偿。

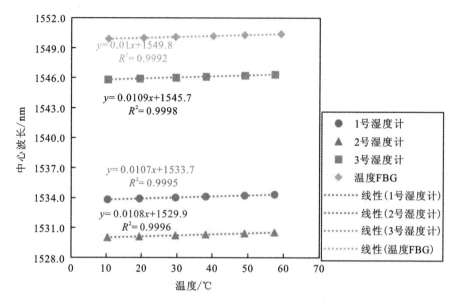

图 6.2.8　30%RH 下湿度计波长随温度的变化

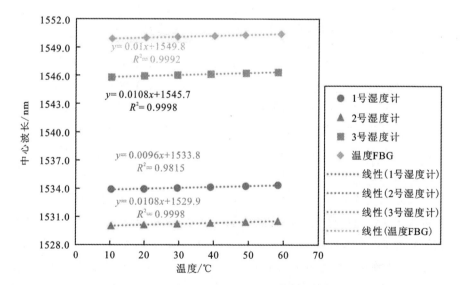

图 6.2.9　40%RH 下湿度计波长随温度的变化

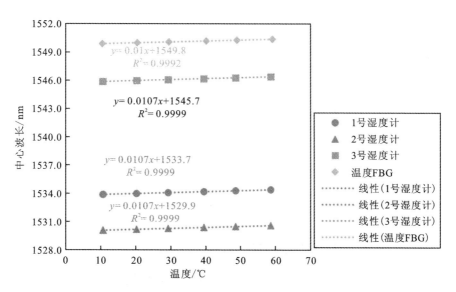

图 6.2.10 60%RH 下湿度计波长随温度的变化

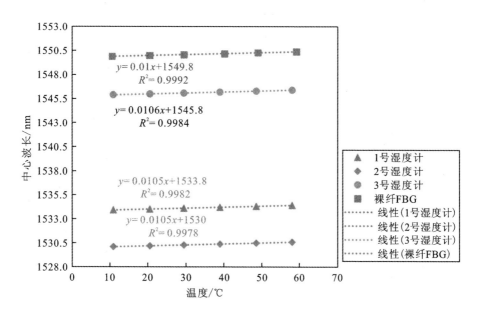

图 6.2.11 73%RH 下湿度计波长随温度的变化

表 6.2.4 光纤光栅湿度计温度灵敏度系数

溶液种类	相对湿度/（%RH）	温度补偿灵敏度系数/（nm/℃）	1号湿度计灵敏度系数/（nm/℃）	2号湿度计灵敏度系数/（nm/℃）	3号湿度计灵敏度系数/（nm/℃）
LiCl	30	0.01	0.0107	0.0108	0.0109
$MgCl_2$	40	0.01	0.0096	0.0108	0.0108
NaBr	60	0.01	0.0107	0.0107	0.0107
NaCl	73	0.01	0.0105	0.0105	0.0106

3. 不同温度下湿度计的湿度灵敏度系数

选取1号湿度计，在不同温度下将其放至 $MgCl_2$、NaBr、NaCl、KCl 饱和盐溶液中，试验结果如图 6.2.12 所示。

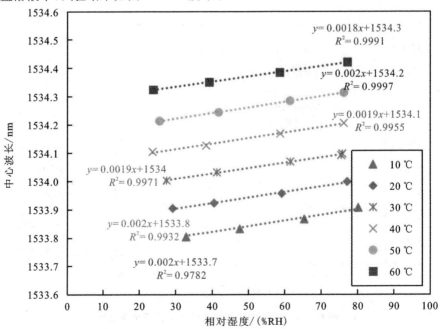

图 6.2.12 不同温度下1号湿度计的中心波长随湿度的变化

在 10~60 ℃范围内,湿度计的湿度灵敏度系数基本不变,湿度灵敏度系数最大相差 0.2 pm/％RH,也就是说,当相对湿度变化 1％RH 时,湿度计测得的波长变化量相差 0.2 pm,如果不考虑 50 ℃的温度变化,误差约为 10％,可近似忽略不计。因此,光纤光栅湿度计在 10~60 ℃范围内测得的湿度灵敏度系数都可以作为该湿度计的湿度灵敏度系数。

4. 响应过程

将光纤光栅湿度计放入 30.5％RH 的控湿箱中稳定后读取波长,然后将其放入 63.2％RH 的控湿箱中,解调仪每隔 5 s 记录一次波长直至波长稳定,从而记录响应过程,如图 6.2.13 所示。采用相同的测试方法记录湿度从 63.2％降到 30.5％的完整数据,绘制曲线,如图 6.2.14 所示。

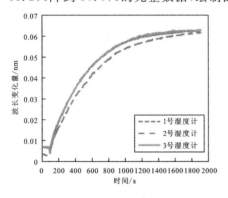 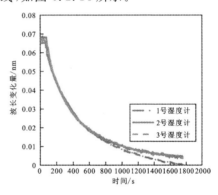

图 6.2.13　光纤光栅湿度计升湿响应过程　　**图 6.2.14　光纤光栅湿度计降湿响应过程**

图 6.2.13 描述了涂覆聚酰亚胺的光纤光栅湿度计对环境湿度增加的响应过程。当湿度增加时,光纤光栅表面涂覆的聚酰亚胺吸水速度大于脱水速度,聚酰亚胺吸收水分膨胀产生应力使得光纤光栅的波长变化。在湿度发生变化的初始阶段,聚酰亚胺的吸水能力最大,从而快速吸水,随着吸收水分子数量的增加,聚酰亚胺吸收的水分子与空气中的水分子极性相同而产生排斥力,从而阻碍水分子的吸收。上述现象在图 6.2.13 中表现为在初始阶段曲线的斜率较大,随着时间的增加,曲线的斜率逐渐变小。

图 6.2.14 描述了涂覆聚酰亚胺的光纤光栅湿度计对环境湿度降低的响应过程。与升湿相反,当湿度降低时,聚酰亚胺脱水速度大于吸水速度,使得水分子数量快速减少,聚酰亚胺中水分子越少,亲水基对水分子的束缚能

力就越强。上述现象在图 6.2.14 中表现为在初始阶段曲线的斜率较大,随着时间的增加,曲线的斜率逐渐变小。

据统计,3 个湿度计升湿的响应时间依次为 485 s、425 s、410 s,平均值为 440 s,降湿的响应时间依次为 370 s、335 s、330 s,平均值为 345 s,由此可见,升湿的响应时间要大于降湿的响应时间。

5. 重复性

在环境温度为 25 ℃时,将 1 号湿度计置于控湿箱中,通过更换盐溶液使控湿箱内的湿度依次上升再依次降低,构成一个升降湿循环,重复该循环多次,计算重复性误差。1 号湿度计不同循环下波长随湿度的变化如图 6.2.15 所示。

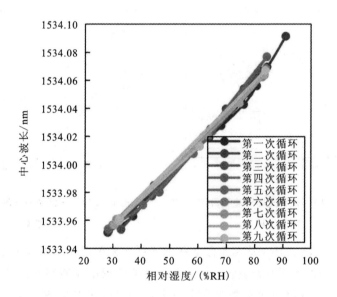

图 6.2.15　1 号湿度计不同循环下波长随湿度的变化

通过计算可得,1 号湿度计的重复性误差为 1.97%,相当于相对湿度变化 4.68%RH。

6. 耐水性

将 1 号湿度计浸水 5 天,浸水前后标定曲线如图 6.2.16 所示,基本无变化,说明该湿度计的耐水性良好。

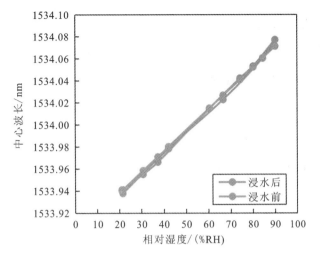

图 6.2.16　浸水前后湿度计波长随湿度变化情况对比

7. 长期稳定性

将 1 号湿度计放入盛有 NaCl 饱和盐溶液的控湿箱中,控湿箱内的相对湿度稳定在 76.7%RH 不变,温度保持在 25 ℃。在监测的 160 h 内,中心波长变化如图 6.2.17 所示,波长在 1534.0402～1534.0470 nm 范围内变化,长期稳定性较好。

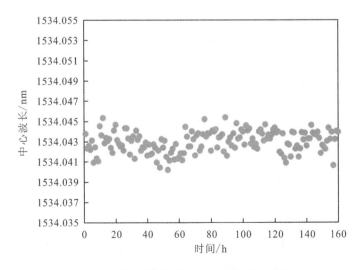

图 6.2.17　76.7%RH 下 1 号湿度计的波长变化

8.温度湿度同时测量

以 34.4%RH 下的波长为初始值,湿度灵敏度系数取升湿过程与降湿过程的平均值,1 号湿度计的表达式为

$$\begin{bmatrix} \Delta T \\ \Delta H \end{bmatrix} = \begin{bmatrix} 0 & 0.06388 \\ 0.33431 & -0.00068 \end{bmatrix} \begin{bmatrix} \Delta \lambda_1 \\ \Delta \lambda_2 \end{bmatrix} \tag{6.2.10}$$

2 号湿度计的表达式为

$$\begin{bmatrix} \Delta T \\ \Delta H \end{bmatrix} = \begin{bmatrix} 0 & 0.06388 \\ 0.35326 & -0.00068 \end{bmatrix} \begin{bmatrix} \Delta \lambda_1 \\ \Delta \lambda_2 \end{bmatrix} \tag{6.2.11}$$

3 号湿度计的表达式为

$$\begin{bmatrix} \Delta T \\ \Delta H \end{bmatrix} = \begin{bmatrix} 0 & 0.06388 \\ 0.34965 & -0.00068 \end{bmatrix} \begin{bmatrix} \Delta \lambda_1 \\ \Delta \lambda_2 \end{bmatrix} \tag{6.2.12}$$

因此,测得 $\Delta \lambda_1$ 和 $\Delta \lambda_2$ 后,就可以解得 ΔT 和 ΔH,传感器就可以在温度和湿度同时变化时使用,并且可以分别测得温度和湿度变化量。

6.2.5 研究小结

(1)在 34.4%～90.7%RH 范围内涂覆聚酰亚胺的 FBG 湿度计对湿度变化具有明显的响应。

(2)在升湿、降湿过程中,FBG 湿度计测得的中心波长与相对湿度具有明显的线性关系。涂覆聚酰亚胺的湿度传感器的湿度灵敏度系数约为 0.0018 nm/%RH,迟滞误差平均值为 1.62%。

(3)光纤光栅湿度计的中心波长与温度具有较好的线性关系,光纤光栅湿度计的温度灵敏度系数在不同湿度环境下变化不大,因此,在某一湿度下测得的温度灵敏度系数可用于该湿度计在各个湿度下进行温度补偿。

(4)涂覆聚酰亚胺的湿度计重复性误差为 1.97%,浸水前后性能基本不变,长期稳定性较好。

(5)通过试验得到了湿度计分别对温度、湿度响应的灵敏度系数,确定了其数学矩阵,可实现温度和湿度的同时测量。

6.3　高精度振动传感器研发

6.3.1　研究概述

为满足管廊振动监测需求,对已有的 10g 量程普通加速度计的设计结构进行改进,增加质量块的重量,使其在 10g 加速度下,可以使波纹管上下各产生 0.338 mm 左右的变形,使光纤波长变化量达到 20 nm 左右,从而实现提高传感器精度的目的。同时,在原振动传感器内增加一根限位棒,用于限制质量块左右晃动,以提高传感测试效果。

6.3.2　基本原理

光纤穿过波纹管,固定在波纹管的两端,固定光纤时,需要对光纤进行预拉,质量块固定在波纹管上端,当外界有加速度产生时,质量块会随着外部振动而振动,并压缩及拉伸波纹管,从而带动固定在波纹管两端的光纤变形,反映外界振动。高精度振动传感器设计结构图如图 6.3.1 所示。

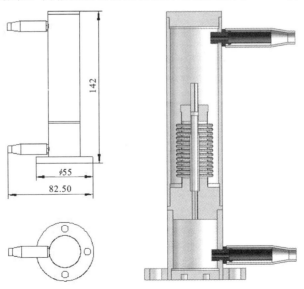

图 6.3.1　高精度振动传感器设计结构图

6.3.3 高精度振动传感器研发试验

1.试验准备

本次试验样品总数量为4个,样品信息如表6.3.1所示。高精度加速度计实物图如图6.3.2所示。

表6.3.1　样品信息

系列	样品数量	编号
波纹管	2个	1、2
弹簧	2个	3、4

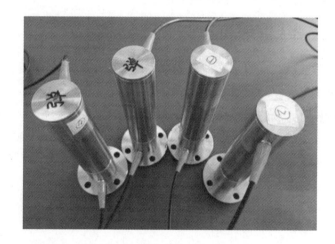

图6.3.2　高精度加速度计实物图

测试设备:高频光纤光栅动态解调仪(NZS-FBG-A06)、加速度振动系统、光纤光栅熔接机。

2.试验步骤

(1)将传感器与跳线熔接;

(2)将传感器放到加速度振动平台上;

(3)通过加速度振动系统配套软件,逐级调节参数,振动稳定后,通过解调仪采集数据,保存每个测点下的数据;

(4)标定结束后关闭设备,清洁整理。

高精度加速度计振动测试装置如图 6.3.3 所示。

图 6.3.3 高精度加速度计振动测试装置

6.3.4 试验数据

按照上述试验步骤对样品进行测试。测试概况如表 6.3.2 所示。图 6.3.4 至图 6.3.20 所示为 1 号和 3 号传感器在不同频率、一定加速度条件下的波长振动曲线。

表 6.3.2 高精度加速度计测试概况

序号	频率	加速度测点 (按测试顺序)	概况	有效传感器 个数
1	10 Hz	$1g$、$2g$、$3g$、$4g$、$5g$、$6g$	1 个周期内正弦波形 不平滑	4
2	40 Hz	$1g$、$2g$、$3g$、$4g$、$5g$、$6g$、$7g$、 $8g$、$9g$、$10g$、$20g$、$22g$、$25g$	$0\sim20g$ 范围稳定	4
3	90 Hz	$5g$、$10g$、$15g$、$20g$、$1g$、$8g$	$0\sim15g$ 范围稳定，$20g$ 时 1 号波形异常，2 号 损坏	2
4	120 Hz	$1g$、$5g$、$8g$、$9g$、$3g$	1 号 $0\sim8g$ 范围稳 定，$9g$ 时损坏	1

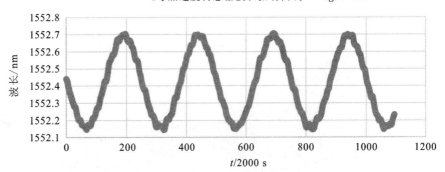

图 6.3.4　高精度加速度计波长振动曲线 1

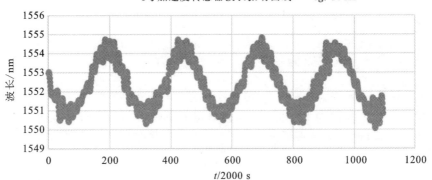

图 6.3.5　高精度加速度计波长振动曲线 2

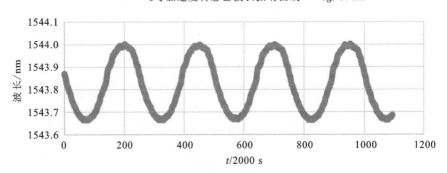

图 6.3.6　高精度加速度计波长振动曲线 3

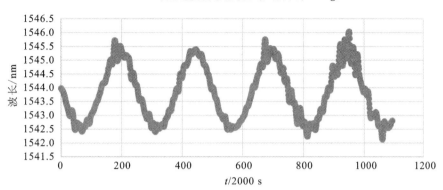

图 6.3.7　高精度加速度计波长振动曲线 4

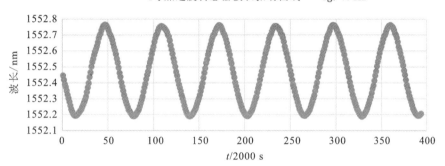

图 6.3.8　高精度加速度计波长振动曲线 5

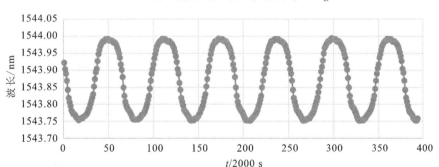

图 6.3.9　高精度加速度计波长振动曲线 6

1号加速度传感器波长振动曲线——22g/40 Hz

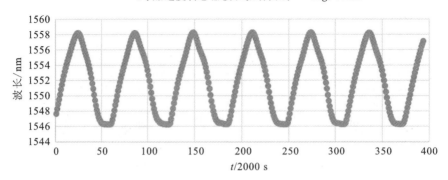

图 6.3.10　高精度加速度计波长振动曲线 7

1号加速度传感器波长振动曲线——25g/40 Hz

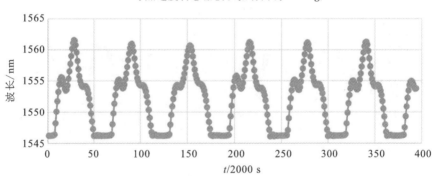

图 6.3.11　高精度加速度计波长振动曲线 8

3号加速度传感器波长振动曲线——25g/40 Hz

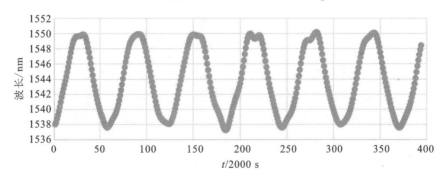

图 6.3.12　高精度加速度计波长振动曲线 9

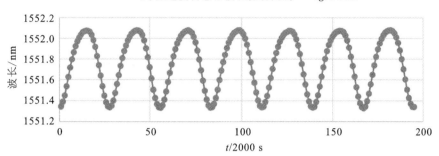

图 6.3.13　高精度加速度计波长振动曲线 10

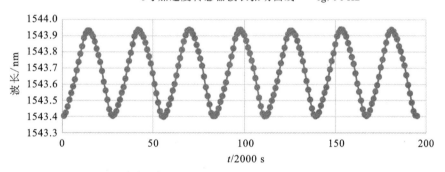

图 6.3.14　高精度加速度计波长振动曲线 11

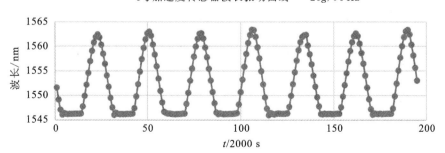

图 6.3.15　高精度加速度计波长振动曲线 12

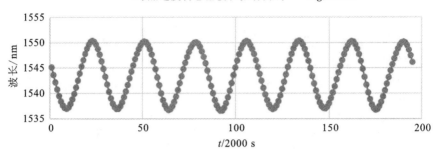

图 6.3.16　高精度加速度计波长振动曲线 13

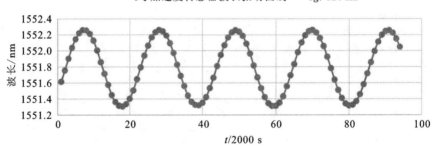

图 6.3.17　高精度加速度计波长振动曲线 14

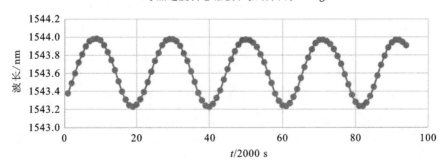

图 6.3.18　高精度加速度计波长振动曲线 15

1号加速度传感器波长振动曲线——9g/120 Hz

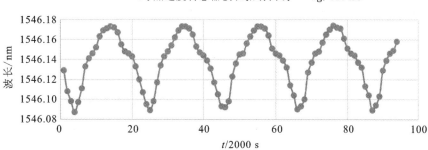

图 6.3.19　高精度加速度计波长振动曲线 16

3号加速度传感器波长振动曲线——9g/120 Hz

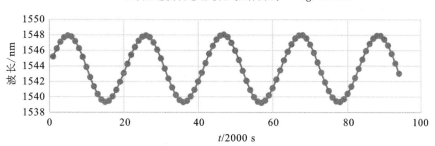

图 6.3.20　高精度加速度计波长振动曲线 17

1.10 Hz 振动测试

正弦波数据采集不稳定。经过该阶段测试,有效传感器为 4 个(1 号、2 号、3 号、4 号)。

2.40 Hz 振动测试

在 0～20g 加速度内表现正常,达到 22g 时,最大波长变化量略大于 12 nm,正弦波波谷处测试值与两侧值接近,曲线底部形态较为平坦,达到 25g 时,这种现象更加明显。经过该阶段测试,有效传感器为 4 个(1 号、2 号、3 号、4 号)。

3.90 Hz 振动测试

在 0～15g 加速度内表现正常,达到 20g 时,1 号最大波长变化量大于

17 nm,曲线不存在波谷,曲线底部形态平坦,2 号传感器损坏。其中 1 号传感器回测 1g 加速度条件下的波长振动曲线,传感器恢复正常。经过该阶段测试,有效传感器仅剩 2 个(1 号、3 号)。

4.120 Hz 振动测试

1 号传感器在 0~8g 加速度内表现正常,最大波长变化量为 11.19 nm,达到 9g 时,1 号传感器损坏。经过该阶段测试,有效传感器仅剩 1 个(3 号)。

6.3.5 数据分析

对振动条件下解调仪采集的波长数据进行统计与拟合,具体如表 6.3.3 至表 6.3.8、图 6.3.21 至图 6.3.26 所示。

表 6.3.3　加速度计标定数据(10 Hz)

加速度/g	波长最大差值/nm			
	1 号	2 号	3 号	4 号
1	0.560	0.557	0.337	0.372
2	1.142	1.088	0.809	0.795
3	1.737	1.821	1.216	1.249
4	2.444	2.325	1.736	1.833
5	3.235	3.628	2.250	2.251
6	4.439	4.241	3.317	2.951

表 6.3.4　加速度计标定数据(20 Hz)

加速度/g	波长最大差值/nm			
	1 号	2 号	3 号	4 号
1	—	—	0.479	—
5	—	—	2.244	—
10	—	—	4.951	—
12	—	—	6.112	—
18	—	—	9.807	—

表 6.3.5　加速度计标定数据（30 Hz）

加速度/g	波长最大差值/nm			
	1 号	2 号	3 号	4 号
1	—	—	0.5	—
5	—	—	2.4	—
10	—	—	5.2	—
20	—	—	9.964	—
25	—	—	12.711	—

表 6.3.6　加速度计标定数据（40 Hz）

加速度/g	波长最大差值/nm			
	1 号	2 号	3 号	4 号
1	0.578	0.536	0.242	0.499
2	1.157	1.147	0.750	1.003
3	1.735	1.780	1.159	1.450
4	2.314	2.363	1.782	1.833
5	2.881	2.938	2.355	2.254
6	3.401	3.513	2.973	2.344
7	4.065	4.134	3.359	3.077
8	4.721	4.729	4.047	4.107
9	5.302	5.378	4.505	3.776
10	5.846	5.910	5.056	4.454
20	11.709	11.589	9.557	9.825
22	12.064	12.520	10.886	10.885
25	15.521	16.388	12.934	13.056

表 6.3.7　加速度计标定数据(90 Hz)

加速度/g	波长最大差值/nm			
	1 号	2 号	3 号	4 号
5	4.005	4.065	2.919	3.095
10	8.367	8.228	6.817	6.711
15	12.143	12.299	10.269	10.164
20	17.366		13.832	0.136
1	0.756		0.541	0.228
8	6.533		5.875	0.053

表 6.3.8　加速度计标定数据(120 Hz)

加速度/g	波长最大差值/nm			
	1 号	2 号	3 号	4 号
1	0.966	0	0.757	0.022
5	6.781	0	4.973	0.041
8	11.189	0	8.017	0.041
9	0.088	0	8.895	0.048
3	0.024	0	2.638	0.045

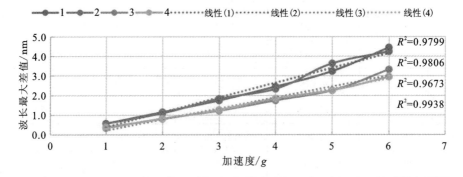

图 6.3.21　高精度加速度计拟合曲线 1

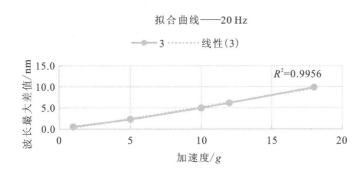

图 6.3.22　高精度加速度计拟合曲线 2

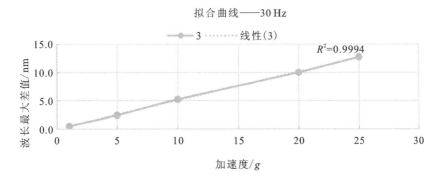

图 6.3.23　高精度加速度计拟合曲线 3

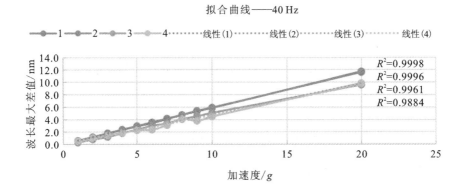

图 6.3.24　高精度加速度计拟合曲线 4

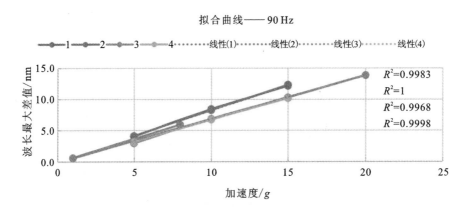

图 6.3.25　高精度加速度计拟合曲线 5

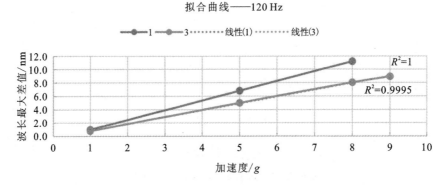

图 6.3.26　高精度加速度计拟合曲线 6

1. 10 Hz 振动测试

整体拟合度不到 0.999，加速度 6g 内，最大波长变化量为 4.4 nm。

2. 20 Hz 振动测试

3 号拟合度不到 0.999，加速度 18g 内，最大波长变化量为 9.8 nm。

3. 30 Hz 振动测试

3 号拟合度达到 0.999 以上，加速度 25g 内，最大波长变化量为 12.7 nm。

4.40 Hz 振动测试

1 号和 2 号拟合度达到 0.999 以上,加速度 20g 内,最大波长变化量为 11.7 nm。

3 号和 4 号拟合度不到 0.999,加速度 20g 内,最大波长变化量为 9.8 nm。

5.90 Hz 振动测试

1 号和 2 号,加速度 15g 内,最大波长变化量为 12.3 nm。

3 号和 4 号,加速度 20g 内,最大波长变化量为 13.8 nm。

6.120 Hz 振动测试

1 号拟合度达到 0.999 以上,加速度 8g 内,最大波长变化量为 11.2 nm。

3 号拟合度达到 0.999 以上,加速度 9g 内,最大波长变化量为 8.9 nm。

表 6.3.9 反映了加速度系数与频率的关系,整体上,随着频率增加,加速度系数减小。

表 6.3.9　加速度系数汇总

频率/Hz	加速度系数/(g/nm)			
	1 号	2 号	3 号	4 号
10	1.50	1.31	2.10	2.08
20	—	—	1.81	—
30	—	—	1.97	—
40	1.70	1.72	2.01	2.01
90	1.14	1.21	1.42	1.41
120	0.68	—	0.97	—

6.3.6　研究小结

(1)高精度振动传感器频率响应范围为 30~120 Hz,由于未继续增加振动频率进行测试,分析传感器的频率响应范围还能够继续增加,但加速度测

155

试范围必然减小。

(2)加速度系数随频率增加整体上呈减小的趋势。按照该趋势,频率增加到 180 Hz 左右,波长变化量将接近 0 nm。

6.4 温度传感器研发

设计的光纤光栅温度计使用新型材料铟钢作为温度计内部的变形材料,热膨胀系数很小,增加不锈钢保护壳来隔离光栅尾线拉扯对栅区的影响。光纤光栅岩土型温度计本征安全,绝缘设计,不受电磁干扰,可多点串联,稳定性好,适用于综合管廊施工期和运营期的结构健康监测和火灾监测,同时也可作为其他传感器的温度补偿传感器。

光纤光栅岩土型温度计实物图如图 6.4.1 所示,技术参数如表 6.4.1 所示。

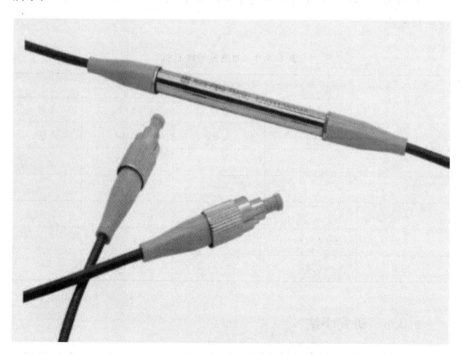

图 6.4.1　光纤光栅岩土型温度计实物图

表 6.4.1　光纤光栅岩土型温度计技术参数

量程/℃	$-20\sim80$
分辨率/℃	0.1
光纤中心波长/nm	$1510\sim1590$
反射率/(%)	$\geqslant90$
连接方式	熔接或 FC/APC 插接

第七章　高频光纤分析监测系统研究

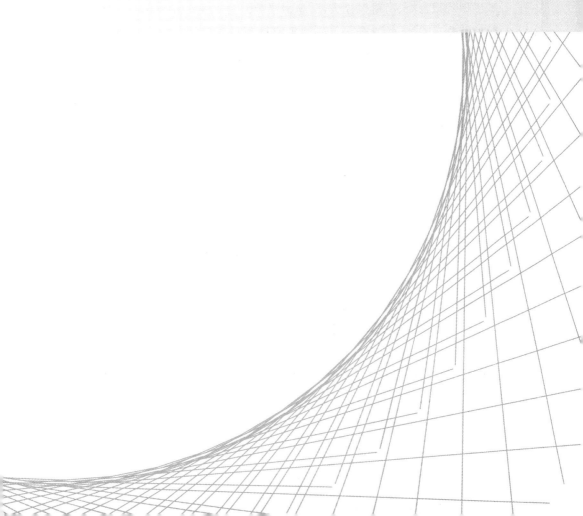

7.1 研 究 概 述

目前常用的光纤光栅解调技术中,波长解调技术虽适用于动静态测量,但成本高昂,解调速率受限。提高解调速率会使光纤光栅反射光强波动,会严重影响测量结果,且解调范围受限。解调系统中用于寻峰处理的光纤光栅反射波形数据,通常是通过 AD 转换器采集得到的。数据的处理主要是通过寻峰算法得到光纤光栅反射波形峰值的相对位置,因此,采集到的波形数据量与寻峰算法的性能密切相关,波形数据增加能够提高峰值寻找的精确度,从而影响光纤光栅解调系统的分辨率、精度、稳定性等性能。光纤光栅解调常用的寻峰算法包括直接比较算法、质心探测算法、插值微分算法、一般多项式拟合法、高斯拟合法、反卷积法等。为了实现高速解调并满足解调精度的要求,光纤光栅解调仪必须拥有高速激光器、高速采集模块、高速数据处理能力(主要指高速寻峰算法),以及高速数据传输能力,并形成整体的解决方案。

本研究设备开发方案设计整体架构采用嵌入式系统+通用 PC 机的模式,解调系统光路部分由宽带光源和可调谐 F-P 滤波器组成扫描激光器,对FBG 传感器的反射光谱进行滤波扫描,嵌入式系统部分采用以现场可编程门阵列(field programmable gate array,FPGA)为处理核心的高速数据采集与处理结构,采用全固态设计,实现稳定可靠的测试。

7.2 基 本 原 理

基于傅里叶域锁模(Fourier domain mode locking,FDML)激光器的高频光纤光栅解调系统原理图如图 7.2.1 所示。

其基本工作原理为:FPGA 驱动数模转换器(DAC)输出的周期类三角波驱动信号驱动可调谐法布里-珀罗滤波器(FFP-TF)的腔长周期性变化,结合半导体光放大器(semiconductor optical amplifier,SOA)及特定长度的延时光纤构成傅里叶域锁模激光器。激光器出光,经光分路器分别送入测

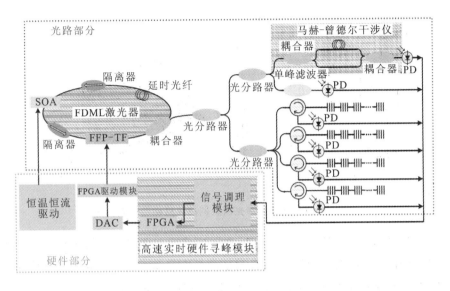

图 7.2.1　高频光纤光栅解调系统原理图

量通道和参考通道,所得的光信号由光电二极管转换为电信号,经过信号调理电路处理后,被基于 FPGA 的寻峰模块捕获并分析处理。测量通道由 1×4 光分路器、光环形器和光纤光栅传感器组成。进入测量通道的光,经 1×4 光分路器和光环形器,进入 4 路光纤光栅传感器,光栅反射回来的光再次经过光环形器后,经光电二极管转换为电信号。系统根据检测信号,并结合参考通道的信号,实时解调出 4 个测量通道的光栅波长值。

　　整个解调系统可以分为光路及硬件两大部分。光路部分主要包括 FDML 激光器、无源分路光路及非线性校准参考通道。硬件的核心部分包括信号调理电路及基于 FPGA 的 TCP/IP 硬件协议栈等。

7.3　解调仪设计

　　本研究高频光纤光栅解调模块通过以太网协议传输 FBG 传感器波长数据,各项设置、传感器计算、数据显示、存储和报警功能都由外部独立计算机完成。计算机软件采用 LabVIEW 源代码设计,可进行二次开发。高频光纤光栅解调模块结构图和实物图如图 7.3.1 所示。

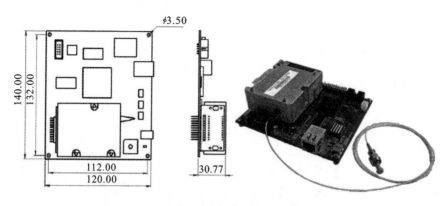

图 7.3.1   高频光纤光栅解调模块结构图和实物图

对内部供电模块、通信模块，以及高频光纤光栅解调模块进行一体化封装、全固态设计和抗震设计，使解调系统具有高稳定性、小体积和低功耗等特点。高频光纤光栅解调仪机箱设计图和实物图如图 7.3.2 所示。

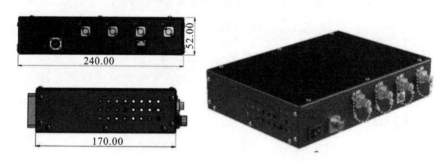

图 7.3.2   高频光纤光栅解调仪机箱设计图和实物图

高频光纤光栅解调仪设计技术参数如表 7.3.1 所示。

表 7.3.1   高频光纤光栅解调仪设计技术参数

通道数	4
扫描频率	2 kHz
波长范围	1528～1568 nm
测量精度	±2 pm
分辨率	1 pm
动态范围	20 dB
光学接口	FC/APC

续表

质量	≤1.5 kg
供电电源	12 V/2 A
工作环境	−20～50 ℃,0～80%RH,非冷凝

7.4　配套软件开发

1.启动测试软件

可以通过以下两种方式启动软件。

(1)选择 Windows→开始→所有程序→NZS-FBG-A06。

(2)双击桌面快捷图标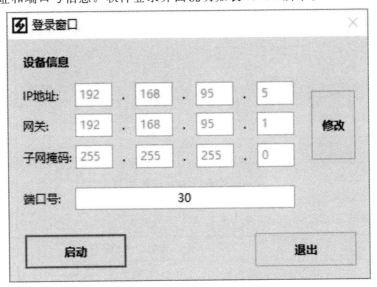。

2.软件登录界面

启动后的软件登录界面如图 7.4.1 所示,该界面显示了解调仪设备的 IP 地址和端口号信息。软件登录界面说明如表 7.4.1 所示。

图 7.4.1　软件登录界面

表7.4.1　软件登录界面说明

序号	说明
1	单击"启动"按钮,软件尝试设备连接并显示主程序窗口
2	单击"退出"按钮,退出整个应用程序
3	改变设备信息下的IP地址、网关或子网掩码并单击"修改"按钮可以修改相应的设备参数(修改完毕后必须重新启动设备才能生效)。 该参数修改需要管理员密码登录!修改后务必记住每台设备的IP地址,错误的IP地址将无法与设备进行通信

3.软件主界面

软件主界面如图7.4.2所示,说明如表7.4.2所示。

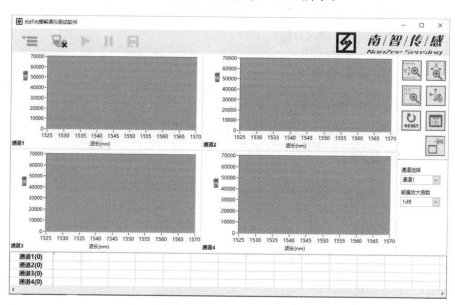

图7.4.2　软件主界面

表7.4.2　软件主界面说明

序号	说明
1	设备连接成功,按钮显示为 状态,否则显示为 状态(如果连接失败,可单击按钮尝试重新连接)

续表

序号	说明
2	单击 ☰ 按钮,显示程序功能菜单项,主要包括光谱、实时波长、传感器配置和退出四个功能选项
3	光谱显示窗口
4	光谱能量控制,选择通道,并控制能量的放大倍数

4. 实时波长显示界面

实时波长显示界面如图 7.4.3 所示,说明如表 7.4.3 所示。

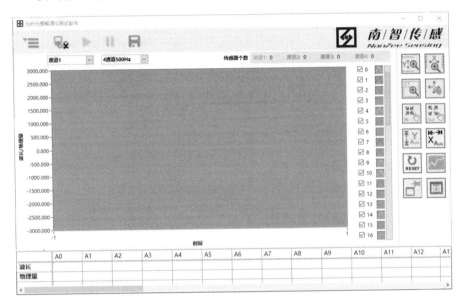

图 7.4.3 实时波长显示界面

表 7.4.3 实时波长显示界面说明

序号	说明
1	单击 ▶ 按钮,将显示传感器的实时波长信息,同时显示选择通道的传感器中心波长和对应物理量(部署配置数据后)
2	实时波长波形图显示区域
3	传感器中心波长及对应物理量(部署配置数据后)显示区域

续表

序号	说明
4	窗口及波形图控制按钮
5	单击 Ⅱ 按钮,将停止光谱数据显示
6	显示通道和采集频率选择控件,4 通道同时运行 500 Hz,单通道运行 2000 Hz
7	每个通道传感器个数显示

5.传感器配置界面

传感器配置界面如图 7.4.4 所示,说明如表 7.4.4 所示。

图 7.4.4 传感器配置界面

表 7.4.4 传感器配置界面说明

序号	说明
1	选择需要配置的传感器通道
2	传感器配置数据显示区域
3	传感器配置控制按钮

6.传感器配置对话框

传感器配置对话框如图 7.4.5 所示,说明如表 7.4.5 所示。

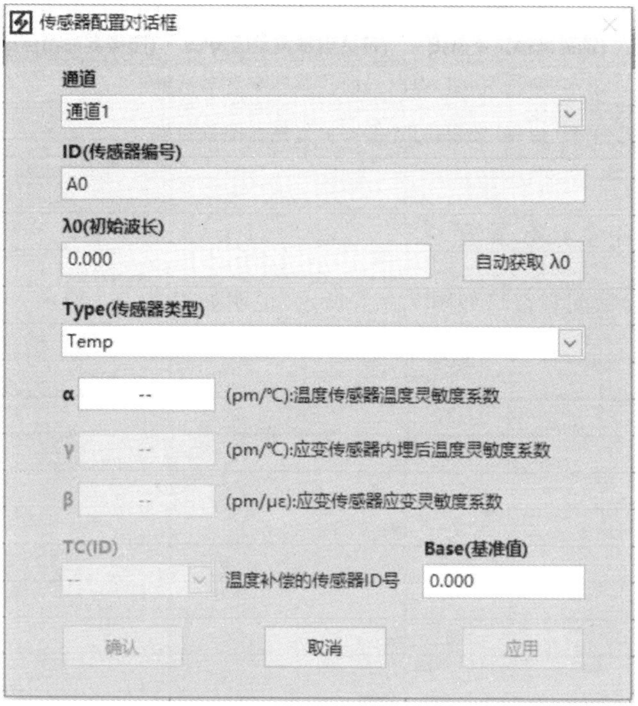

图 7.4.5　传感器配置对话框

表 7.4.5　传感器配置对话框说明

序号	说明
1	自动填入,不允许用户编辑
2	自动按顺序编号,不允许用户编辑
3	单击"自动获取 $\lambda0$"按钮,自动填入当前 ID 传感器的初始波长数据
4	选择传感器类型
5	$\alpha(\text{pm}/℃)$:温度传感器温度灵敏度系数
6	$\gamma(\text{pm}/℃)$:应变传感器内埋后温度灵敏度系数
7	$\beta(\text{pm}/\mu\varepsilon)$:应变传感器应变灵敏度系数

167

序号	说明
8	TC(ID):温度补偿的传感器 ID 号
9	Base 基准值:温度或应变的基准值(用户可自行设定,默认值为 0)
10	单击"确认"按钮,添加一行传感器配置数据
11	单击"取消"按钮,退出当前传感器配置对话框
12	单击"应用"按钮,可连续添加传感器配置数据

7.设备参数配置窗口

设备参数配置窗口如图 7.4.6 所示,说明如表 7.4.6 所示。

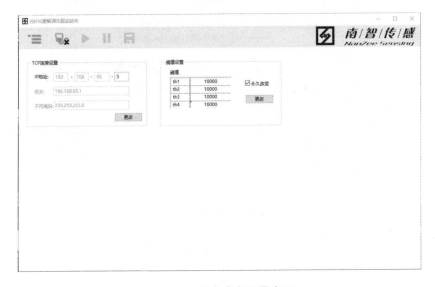

图 7.4.6　设备参数配置窗口

表 7.4.6　设备参数配置窗口说明

序号	说明
1	TCP 连接设置
2	各通道光谱显示阈值设置,修改时需要管理员密码。 CCD 模块接收光能量最小阈值推荐设置为 5000~10 000,勾选"永久改变"改变各通道的最小阈值,并重启设备,将改变 CCD 模块的最小阈值

8.数据保存

在实时波长显示界面下,单击 按钮,弹出图7.4.7所示的对话框,选择文件保存路径和创建文件时间间隔。

图7.4.7　数据保存设置对话框

文件以创建时间命名,如 20160719-11.22.45(日期-时.分.秒)。图7.4.8和图7.4.9所示为数据保存示例。

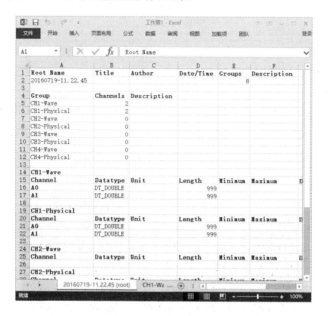

图7.4.8　数据保存示例1

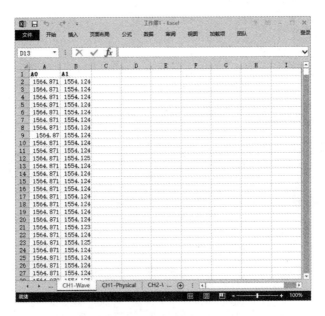

图 7.4.9　数据保存示例 2

7.5　样机测试试验

7.5.1　高低温测试试验

使用恒温水浴槽,在恒温 40 ℃环境下将解调模块放入高低温恒温箱中,恒温箱温度降至−5 ℃时恒温 2 h,升温至 45 ℃时恒温 2 h,降温至 20 ℃时恒温 1 h(变化过程 0.5 h),标准传感器在 40 ℃水浴槽中连续测试 6 h。高低温测试试验装置如图 7.5.1 所示。

图 7.5.1　高低温测试试验装置

−5 ℃测试数据如图 7.5.2 所示。

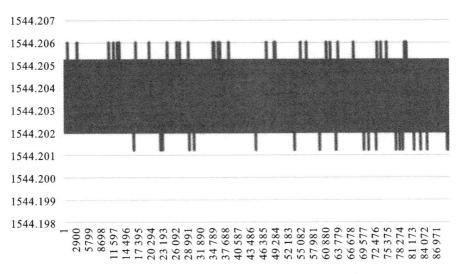

图 7.5.2 −5 ℃测试数据

45 ℃测试数据如图 7.5.3 所示。

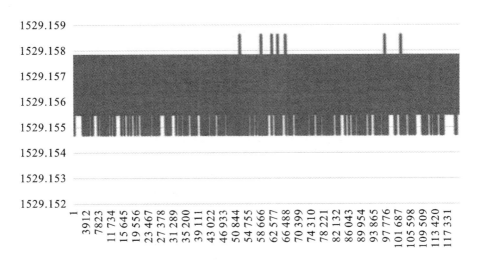

图 7.5.3 45 ℃测试数据

20 ℃测试数据如图 7.5.4 所示。

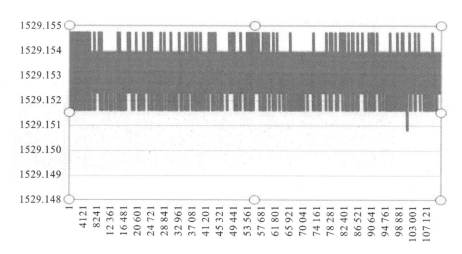

图 7.5.4　20 ℃测试数据

7.5.2　振动测试试验

使用恒温水浴槽,在恒温 40 ℃环境下将解调模块放到振动试验台上并固定。振动频率为 5～55 Hz,振动幅度为 0～12 mm,振动方向为三维,连续测试 2 h。振动测试试验装置如图 7.5.5 所示。

图 7.5.5　振动测试试验装置

振动测试数据如图 7.5.6 所示。

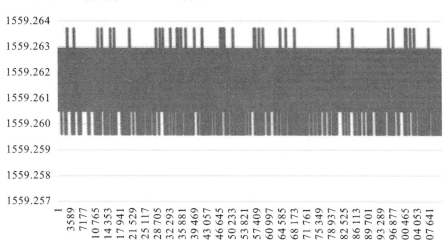

图 7.5.6　振动测试数据

7.5.3　测试结论

该设备在测试条件下,波长测量范围为 1528～1568 nm,测量重复性为 ±3 pm,如表 7.5.1 所示。

表 7.5.1　测量重复性

测试类型	测试温度/℃	测量重复性/pm
振动测试	40	±2.5
高低温测试	−5～45	±3

7.5.4　研究小结

(1)该设备在测试条件下,波长测量范围为 1528～1568 nm,测量重复性为 ±3 pm。

(2)设备性能参数满足要求,4 个通道扫描频率为 2 kHz,测量精度为 ±2 pm,分辨率为 1 pm。

(3)设备采用全固态一体化封装设计,稳定可靠,结构紧凑,样机机箱尺寸为 240 mm×170 mm×52 mm,软件操作界面友好。

参 考 文 献

[1] Ramos H S,Boukerche A,Oliveira A L C,et al. On the deployment of large-scale wireless sensor networks considering the energy hole problem[J]. Computer Networks,2016,110:154-167.

[2] 于晨龙,张作慧.国内外城市地下综合管廊的发展历程及现状[J].建设科技,2015(17):49-51.

[3] 钟雷,马东玲,郭海斌.北京市市政综合管廊建设探讨[J].地下空间与工程学报,2006(z2):1287-1292.

[4] 张竹村.国内外城市地下综合管廊管理与发展研究[J].建设科技,2018(24):42-52,59.

[5] 李阳.中外管廊典型案例比较研究 PPT.住建部城乡规划管理中心,内部资料,2017.

[6] 侯伟青.地下管廊监测系统研究[D].石家庄:石家庄铁道大学,2020.

[7] Chen S Z,Yao J M,Wu Y H. Analysis of the power consumption for wireless sensor network node based on ZigBee[J]. Procedia Engineering,2012,29:1994-1998.

[8] Ishii H,Kawamura K,Ono T,et al. A fire detection system using optical fibres for utility tunnels[J]. Fire Safety Journal,1997,29(2-3):87-98.

[9] Kang K,Lin J R,Zhang J P. Monitoring framework for utility tunnels based on BIM and IoT technology[C]//17th International Conference on Computing in Civil and Building Engineering(ICCCBE 2018),2018.

[10] 刘珊珊.我国城市地下综合管廊建设技术体系策略简析及地下管廊环境通风测试分析[D].西安:西安建筑科技大学,2018.

[11] 孙钧.国内外城市地下空间资源开发利用的发展和问题[J].隧道建设(中英文),2019,39(5):699-709.

[12] 宁勇,赵世强.国内外城市综合管廊发展现状、问题及对策研究[J].价值工程,2018,37(3):103-105.

[13] Ansari F. Fiber optic health monitoring of civil structures[C]//The 1st International Conference on Structural Health Monitoring and Intelligent Infrastructure,2003.

[14] Naruse H,Uchiyama Y,Kurashima T,et al. River levee change detection using distributed fiber optic strain sensor[J]. IEICE Transactions on Electronics,2000,E83-C(3):462-467.

[15] Shiba K. Fiber optic distributed sensor for monitoring of concrete structures［C］//The 3rd International Workshop on Structural Health Monitoring,2001.

[16] Klar A,Elkayam I. Direct and relaxation methods for soil-structure interaction due to tunneling[J]. Journal of Zhejiang University-Science A,2010,11:9-17.

[17] Liu Z G,Ferrier G,Bao X Y,et al. Brillouin scattering based distributed fiber optic temperature sensing for fire detection[C]//The 7th International Symposium on Fire Safety Conference,USA,2002.

[18] 油新华.我国城市综合管廊建设发展现状与未来发展趋势[J].隧道建设(中英文),2018,38(10):1603-1611.

[19] 卢皓.基于BIM＋GIS的城市综合管廊智能管控系统构建研究[D].沈阳:沈阳建筑大学,2019.

[20] 徐锦国,包学旗.城市地下管线探测与管理技术的发展及应用[J].建筑工程技术与设计,2015(16).

[21] 季文献,蒋雄红.综合管廊智能监控系统设计[J].信息系统工程,2014(12):103-105.

[22] 朱鸿鹄,施斌,张诚成.地质和岩土工程光电传感监测研究新进展——第六届OSMG国际论坛综述［J］.工程地质学报,2020,28(1):178-188.

[23] 毕卫红,邢云海,周昆鹏,等.长周期光纤光栅检测混合油的折射率[J].光子学报,2017,46(2):38-44.

[24] 蔡德所,戴会超,蔡顺德,等.大坝混凝土结构温度场监测的光纤分布式温度测量技术[J].水力发电学报,2006,25(4):88-91,101.

[25] 蔡德所,何薪基,蔡顺德,等.大型三维混凝土结构温度场的光纤监测技

术[J].三峡大学学报(自然科学版),2005,27(2):97-100.

[26] 蔡德所,何薪基,张林.拱坝小比尺石膏模型裂缝定位的分布式光纤传感技术[J].水利学报,2001,1(2):50-53,58.

[27] 蔡德所,刘浩吾,何薪基,等.斜交分布式光纤传感技术研究[J].武汉水利电力大学(宜昌)学报,1999(2):93-96.

[28] 蔡顺德,蔡德所,何薪基,等.分布式光纤监测大块体混凝土水化热过程分析[J].三峡大学学报(自然科学版),2002,24(6):481-485.

[29] 曹鼎峰,施斌,严珺凡,等.基于 C-DTS 的土壤含水率分布式测定方法研究[J].岩土工程学报,2014(5):910-915.

[30] 柴敬.岩体变形与破坏光纤传感测试基础研究[D].西安:西安科技大学,2003.

[31] 柴敬,兰曙光,李继平,等.光纤 Bragg 光栅锚杆应力应变监测系统[J].西安科技大学学报,2005,25(1):1-4.

[32] 柴敬,邱标,魏世明,等.岩层变形检测的植入式光纤 Bragg 光栅应变传递分析与应用[J].岩石力学与工程学报,2008,27(12):2551-2556.

[33] 陈冬冬.考虑多因素的分布式传感光纤——土体界面耦合性试验研究[D].南京:南京大学,2017.

[34] 陈伟民,江毅,黄尚廉.光纤布喇格光栅应变传感技术[J].光通信技术,1995(3):249-253.

[35] 陈曦.基于长周期光纤光栅的 NaCl 溶液浓度传感器研究[D].天津:天津大学,2015.

[36] 陈卓,张丹,孙梦雅.基于 FBG 技术的土体含水率测量方法试验[J].水文地质工程地质,2018,45(4):108-112.

[37] 陈卓,张丹,王海玲.分子印迹光纤传感技术的应用[J].激光与光电子学进展,2017,54(12):22-31.

[38] 程刚,施斌,张平松,等.采动覆岩变形分布式光纤物理模型试验研究[J].工程地质学报,2017,25(4):926-934.

[39] 丁勇,施斌,孙宇,等.基于 BOTDR 的白泥井 3 号隧道拱圈变形监测[J].工程地质学报,2006,14(5):649-653.

[40] 丁勇,王平,何宁,等.基于 BOTDA 光纤传感技术的 SMW 工法桩分布式测量研究[J].岩土工程学报,2011,33(5):719-724.

[41] 段云锋,吕福云,王健,等.反向抽运分布式光纤拉曼放大器的实验研究 [J].中国激光,2005,32(11):1499-1502.

[42] 高国富,罗均,谢少荣,等.智能传感器及其应用[M].北京:化学工业出版社,2005.

[43] 高俊启,张巍,施斌.涂敷和护套对分布式光纤应变检测的影响研究 [J].工程力学,2007,24(8):188-192.

[44] 龚士良.长江三角洲地质环境与地面沉降防治[C]//第六届世界华人地质科学研讨会、中国地质学会2005年学术年会论文摘要集,2005.

[45] 韩子夜,薛星桥.地质灾害监测技术现状与发展趋势[J].中国地质灾害与防治学报,2005,16(3):138-141.

[46] 何玉钧,尹成群.布里渊散射与分布式光纤传感技术[J].传感器世界, 2001,7(12):16-21.

[47] 胡建平.苏锡常地区地下水禁采后的地面沉降效应研究[D].南京:南京大学,2011.

[48] 胡盛,施斌,魏广庆,等.聚乙烯管道变形分布式光纤监测试验研究[J]. 防灾减灾工程学报,2008,28(4):436-440,453.

[49] 胡晓东,刘文晖,胡小唐.分布式光纤传感技术的特点与研究现状[J]. 航空精密制造技术,1999,35(1):28-31.

[50] 黄广龙,张枫,徐洪钟,等.FBG传感器在深基坑支撑应变监测中的应用[J].岩土工程学报,2008(S1):436-440.

[51] 黄民双,曾励,陶宝祺,等.分布式光纤布里渊散射应变传感器参数计算 [J].航空学报,1999(2):137-140.

[52] 黄尚廉,梁大巍,刘龚.分布式光纤温度传感器系统的研究[J].仪器仪表学报,1991(4):359-364.

[53] 黄自培.天津市建成千米基岩标[J].水文地质工程地质,1989(5):58.

[54] 姜德生,方炜炜.Bragg光纤光栅及其在传感中的应用[J].传感器世界,2003(7):22-26.

[55] 姜德生,何伟.光纤光栅传感器的应用概况[J].光电子·激光,2002,13 (4):420-430.

[56] 姜德生,梁磊,南秋明,等.新型光纤Bragg光栅锚索预应力监测系统 [J].武汉理工大学学报,2003,25(7):15-17.

[57] 姜德生,罗裴,梁磊.光纤布拉格光栅传感器与基于应变模态理论的结构损伤识别[J].仪表技术与传感器,2003(2):17-19.

[58] 姜德生,孙东亚,汪小刚.锚索变形光纤传感器的研制开发[C]//1998水利水电地基与基础工程学术交流会论文集,1998.

[59] 姜洪涛.苏锡常地区地面沉降及其若干问题探讨[J].第四纪研究,2005(1):29-33.

[60] 蒋奇,隋青美,张庆松,等.光纤光栅锚杆传感在隧道应变监测中的技术研究[J].岩土力学,2006(S1):315-318.

[61] 蒋小珍,雷明堂,陈渊,等.岩溶塌陷的光纤传感监测试验研究[J].水文地质工程地质,2006,33(6):75-79.

[62] 揭奇.基于BP神经网络的库岸边坡多场监测信息分析[D].南京:南京大学,2016.

[63] 揭奇,施斌,罗文强,等.基于DFOS的边坡多场信息关联规则分析[J].工程地质学报,2015(6):1146-1152.

[64] 雷运波,隆文非,刘浩吾.滑坡的光纤监测技术研究[J].四川水力发电,2005,24(1):63-65.

[65] 李博,张丹,陈晓雪,等.分布式传感光纤与土体变形耦合性能测试方法研究[J].高校地质学报,2017,23(4):633-639.

[66] 李川,张以谟,赵永贵,等.光纤光栅:原理、技术与传感应用[M].北京:科学出版社,2005.

[67] 李宏男,任亮.结构健康监测光纤光栅传感技术[M].北京:中国建筑工业出版社,2008.

[68] 李焕强,孙红月,刘永莉,等.光纤传感技术在边坡模型试验中的应用[J].岩石力学与工程学报,2008,27(8):1703-1708.

[69] 李科,施斌,唐朝生,等.黏性土体干缩变形分布式光纤监测试验研究[J].岩土力学,2010,31(6):1781-1785.

[70] 李伟良.光频域喇曼反射光纤温度传感器的频域参量设计[J].光子学报,2008,37(1):86-90.

[71] 梁磊,姜德生,周雪芳,等.光纤Bragg光栅传感器在桥梁工程中的应用[J].光学与光电技术,2003,1(2):36-39.

[72] 廖延彪,黎敏,张敏,等.光纤传感技术与应用[M].北京:清华大学出版

179

社,2009.

[73] 刘春,施斌,吴静红,等.排灌水条件下砂黏土层变形响应模型箱试验[J].岩土工程学报,2017,39(9):1746-1752.

[74] 刘浩吾.混凝土重力坝裂缝观测的光纤传感网络[J].水利学报,1999(10):61-64.

[75] 刘浩吾,谢玲玲.桥梁裂缝监测的光纤传感网络[J].桥梁建设,2003(2):78-81.

[76] 刘杰,施斌,张丹,等.基于BOTDR的基坑变形分布式监测实验研究[J].岩土力学,2006,27(7):1224-1228.

[77] 刘琨,冯博文,刘铁根,等.基于光频域反射技术的光纤连续分布式定位应变传感[J].中国激光,2015,42(5):179-185.

[78] 刘少林,张丹,张平松,等.基于分布式光纤传感技术的采动覆岩变形监测[J].工程地质学报,2016,24(6):1118-1125.

[79] 刘永莉,孙红月,于洋,等.抗滑桩内力的BOTDR监测分析[J].浙江大学学报(工学版),2012,46(2):243-249.

[80] 卢哲安,符晶华,张全林.光纤传感器用于土木工程检测的研究——关键技术及实现途径[J].武汉理工大学学报,2001(8).

[81] 罗志会,蔡德所,文泓桥,等.一种超弱光纤光栅阵列的定位方法[J].光学学报,2015,35(12):99-103.

[82] 孟志浩,刘建国,李文峰,等.苏州轨道交通盾构隧道施工与运营期BO-FDA监测技术研究[C]//第十届全国工程地质大会论文集,2016.

[83] 裴华富,殷建华,朱鸿鹄,等.基于光纤光栅传感技术的边坡原位测斜及稳定性评估方法[J].岩石力学与工程学报,2010,29(8):1570-1576.

[84] 朴春德,施斌,魏广庆,等.分布式光纤传感技术在钻孔灌注桩检测中的应用[J].岩土工程学报,2008,30(7):976-981.

[85] 尚丽平,张淑清,史锦珊.光纤光栅传感器的现状与发展[J].燕山大学学报,2001,25(2):139-143.

[86] 施斌.论工程地质中的场及其多场耦合[J].工程地质学报,2013(5):673-680.

[87] 施斌,丁勇,徐洪钟,等.分布式光纤应变测量技术在滑坡早期预警中的应用[J].工程地质学报,2004(z1):515-518.

［88］ 施斌,顾凯,魏广庆,等.地面沉降钻孔全断面分布式光纤监测技术[J].工程地质学报,2018,26(2):356-364.

［89］ 施斌,徐洪钟,张丹,等.BOTDR应变监测技术应用在大型基础工程健康诊断中的可行性研究[J].岩石力学与工程学报,2004,23(3):493-499.

［90］ 施斌,徐学军,王镝,等.隧道健康诊断BOTDR分布式光纤应变监测技术研究[J].岩石力学与工程学报,2005,24(15):2622-2628.

［91］ 施斌,阎长虹.工程地质学[M].北京:科学出版社,2017.

［92］ 施斌,余小奎,张巍,等.基于光纤传感技术的桩基分布式检测技术研究[C]//第二届全国岩土与工程学术大会论文集(下册),2006.

［93］ 史彦新,张青,孟宪玮.分布式光纤传感技术在滑坡监测中的应用[J].吉林大学学报(地球科学版),2008,38(5):820-824.

［94］ 宋牟平,汤伟中,周文.分布式光纤传感器中孤子效应作用的研究[J].浙江大学学报(自然科学版),1999(5):519-524.

［95］ 宋占璞,施斌,汪义龙,等.削坡作用土质边坡变形分布式光纤监测试验研究[J].工程地质学报,2016,24(6):1110-1117.

［96］ 隋海波,施斌,张丹,等.地质和岩土工程光纤传感监测技术综述[J].工程地质学报,2008,16(1):135-143.

［97］ 李大鹏,黄俊.地下工程结构健康监测系统应用研究[J].现代交通技术,2017,14(3):62-66.